첫아이와 함께하는 동생맞이

프롤로그

"저는 첫째와 정말 사이가 좋았어요.
둘째가 태어나면 제가 둘째를 안 좋아할까 봐 걱정할 정도로요.
그런데 둘째가 태어나고 모든 것이 달라졌어요.
제가 첫째와 너무 많이 싸워요.
첫째가 절 너무 힘들게 해요. 어쩌죠?"

상담실을 찾는 부모님들의 흔한 고민입니다. 그렇게 사랑했던 첫째인데 둘째가 생기면서 문제가 생기고 말았습니다. 이런 말이 있습니다. '첫째는 예쁘고, 둘째는 더 예쁘고, 셋째는 진짜 예쁘다.' 내리사랑이라고 첫째보다는 둘째가, 둘째보다는 셋째가 부모 눈에 더 예뻐 보입니다. 그런데 정말 그럴까요? 이는 일종의 착시 현상과 같습니다. 첫째도 아기 때 정말 예쁘고 사랑스러웠습니다. 그 아이가 자라고 더 어린 둘째가 태어나면 둘째도 첫째의 아기 때처럼 예쁜데, 훌쩍 커버린 첫째와 비교했을 때 그저 아기라서 더 예뻐 보이는 것이지요. 그리고 첫째를 키워 보았기 때문에 부모는 부모로서의 자신감이 생겨 둘째를 더 수월하게 키울 수 있게 된 것인데, 이를 부모가 모른 채 마치 둘째가 더 키우기 쉬운 예쁜 아이로 보이기 때문입니다. 부모가 아이에게 갖는 이런 착각이 양육 행동으로 나타날 때 부모의 마음과 몸으로부터 멀어져가는 첫째는 당연히 둘째를 질투하게 됩니다.

그리고 부모는 둘째를 임신한 시점부터 둘째에 대한 첫째의 질투에 대해 고민은 하지만 첫째의 질투를 해결하고 첫째와 둘째가 잘 지낼 수 있도록 돕는 무언가를 하는 일은 잘 없습니다. 사실 부모도 두 아이 부모가 처음이라 어떻게 해야 하는지도 잘 모르고요. 그러는 사이 첫째의 질투는 퇴행으로 나타나면서 부모를 정말 힘들게 만들어 버립니다. 그래서 부모는 둘째를 임신하게 되면 첫째가 왜 둘째를 질투하는지, 이 질투를 어떻게 줄여 나가야 하는지에 대해 알아본 후 첫째가 둘째를 온전히 받아들일 수 있도록 도와주어야 한답니다.

그런데 첫째와 둘째가 서로에게 갖는 시각이 너무나 달라 부모가 둘의 관계를 원만하게 만들기 위해 도움을 주기도 참 어려울 때가 있습니다. 첫째는 둘째에 대해 '엄마 아빠는 날 사랑했어. 네가 생긴 후 모든 것이 달라졌어.'라고 생각합니다. 둘째는 또 첫째에 대해 '처음부터 내 건 없었어. 태어나 보니 이미 엄마 아빠의 사랑을 가진 네가 있었어.'라고 생각합니다. 자연스럽게 첫째와 둘째는 부모의 사랑을 두고 서로 경쟁적인 관계를 유지하게 되지요. 부모는 첫째와 둘째가 서로를 의지하는 존재가 되길 바라며 낳고 키우는 것인데 이렇게 경쟁하는 존재가 되어 버리다니 참 슬픈 일입니다. 그런데 만약 처음부터 첫째와 둘째가 경쟁을 하지 않는다면 어떨까요? 만약 그렇다면 부모가 기대하듯이 첫째와 둘째는 정말 서로를 의지하는 멋진 존재가 될 수 있을 텐데요.

그런 멋진 존재가 되기 위한 준비 기간이 바로 둘째가 배 속에서 자라나는 열 달이라는 시간입니다. 이 열 달 동안 부모는 첫째에게 "동생이 생겼어. 잘 돌봐야 해."가 아니라 "엄마 아빠는 널 사랑한단다. 그리고 동생이 생겼단다. 엄마 아빠는 너도 동생도 정말 사랑한단다."를 알려 주어야 합니다. 그런데 부모가 첫째에게 사랑하는 것을 알려 주기 위해 "사랑해"라고 말하면 첫째가 그렇게 생각할까요? 그보다는 첫째가 정말로 부모가 자신을 여전히 사랑한다고 믿도록 '부모의 실천'으로 보여 주어야 합니다. 부모의 실천이 첫째의 마음에 가닿으면 첫째도 둘째를 사랑하고 함께하는 존재로 받아들이게 된답니다. 햇살 엄마가 햇살이 요술이 엄마가 되는 그 열 달의 과정을 통해 '부모의 실천' 방법을 함께 찾아 보겠습니다.

감사의 글

한 사람의 아내가 되고 한 아이의 엄마가 되고 두 아이의 엄마가 되는 과정이 감동과 행복과 기쁨으로 가득했던 것은 분명 세 사람 덕분이었습니다. 이 세 사람과 함께 하는 나의 삶과 시간은 분명 둥글어지고 포근해졌습니다. 앞으로도 나는 이 세 사람과 함께 더 둥글어지고 포근해질 것이고 그런 나로 인해 이 세 사람 또한 감동과 행복과 기쁨으로 가득하게 되길 바랍니다. 이 책을 쓸 수 있게 도와준 나의 세 사람, 나의 햇살이, 나의 요술이, 그리고 언제나 내 편이 되어준 내 사랑에게 사랑과 감사를 전합니다.

또한 자신의 인생을 녹여 지금의 나를 있게 해 준 나의 어머니와 책이 너무 늦게 쓰여 보지 못하고 떠나신 나의 아버지께 눈물 한 줄기 보태어 감사와 존경을 보냅니다.

2020년 10월 20일 이른 6시 15분

푸른 보석 청라 행복한 집에서

목차

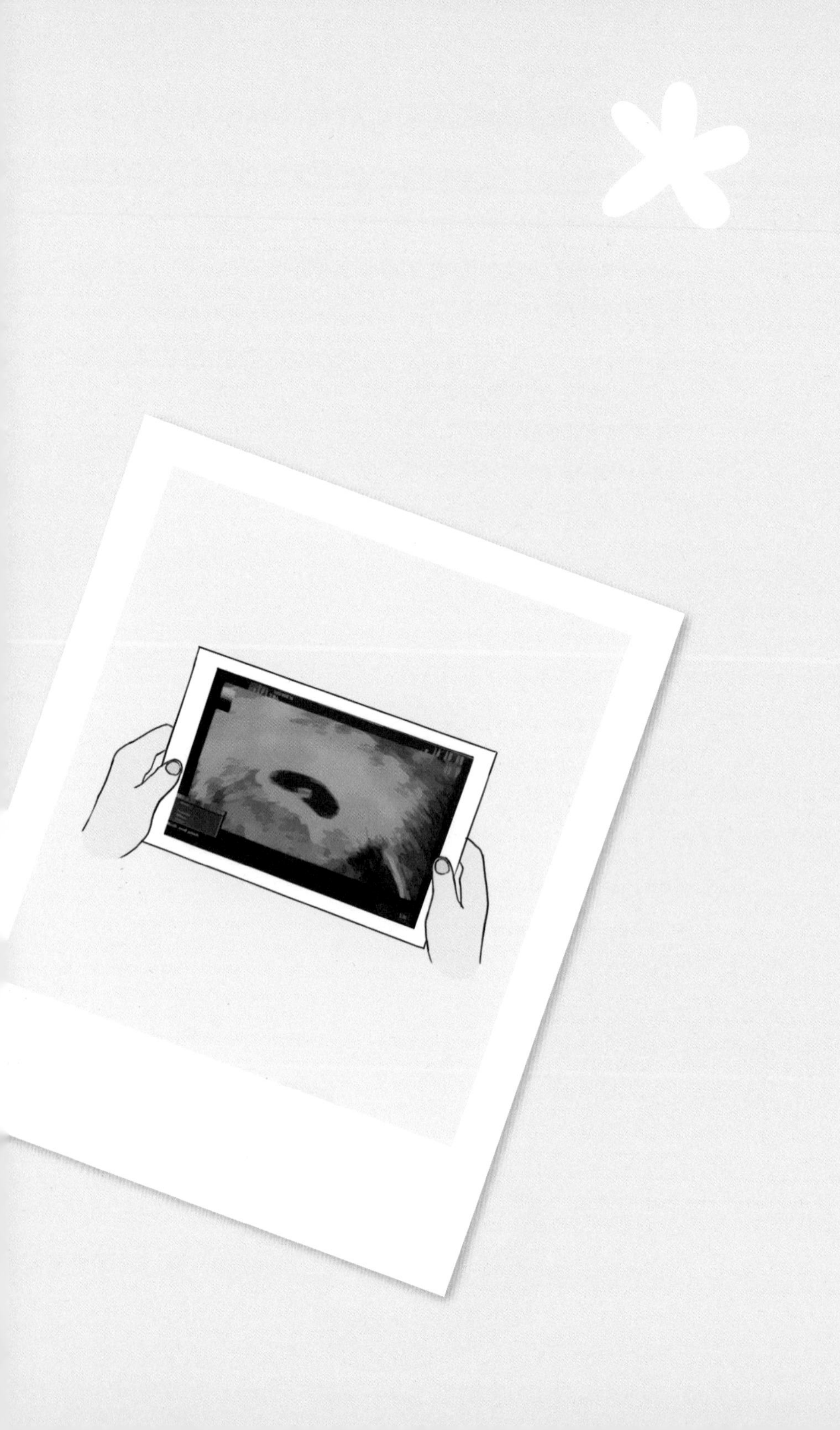

첫 번째 이야기

동생이 생기다

“동생? 동생 싫어요.”

두줄이다..!

내 인생에
다시는 없을 것 같았던
두번째 아기가
왔다.

곧 하원할
시간인데..
:
햇살이한테
먼저 말해야하나?
:
병원에
같이가도 되는건가?
어떤 반응을
보일까?

시간은 정확히 째깍 째깍 흘러··· 이미 내 옆에 햇살이가..
햇살이
빨리왔구나.
우린 함께 아기를 맞이하러 가기로 했다.

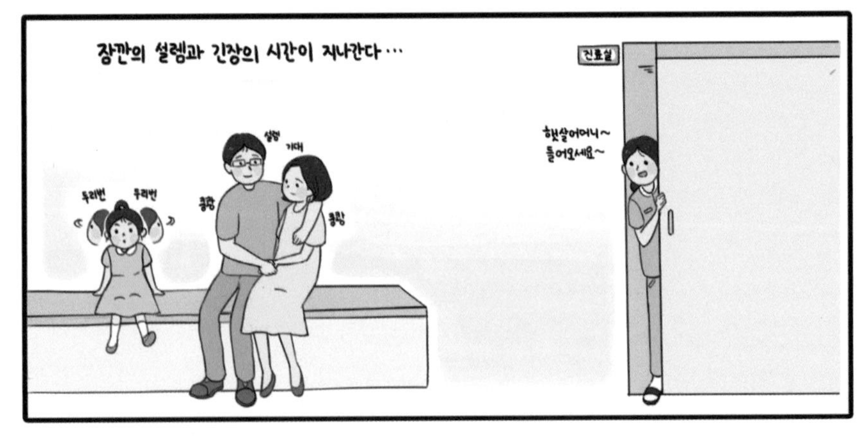
잠깐의 설렘과 긴장의 시간이 지나간다···
두리번
두리번
설렘
기대
콩닥
콩닥
진료실
햇살어머니~
들어오세요~

축하합니다.
엄마,
이게뭐야?
아기사진이야.
햇살이 동생 생겼어~

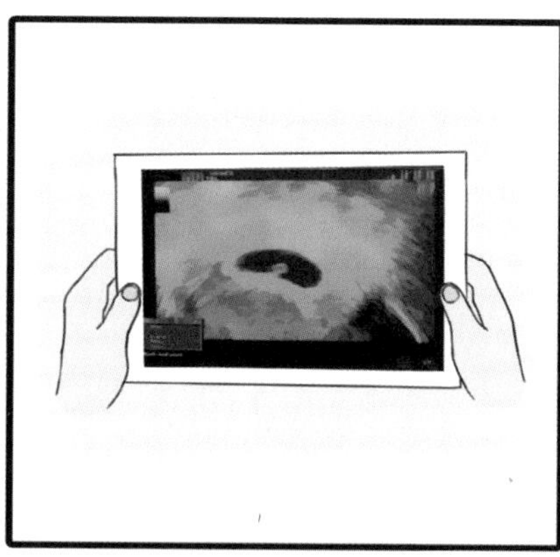

동생? 뭐?..
동생이 생겼다고?
쿵..

우아아앙—
동생
싫어요—!
엉
엉
엉

햇살이 너무 놀랐구나!
울음그치고 엄마랑 이야기하자.
엉-
엉-
동생 싫어요!

어느 날 기쁘게 찾아온 아기. 엄마 아빠는 감동의 눈물을 흘렸습니다. 그런데 너무나 갑작스러운 소식에 엄마 아빠의 생각 회로가 잠시 멈추었던 걸까요? 엄마 아빠는 그만 햇살이와는 아무런 이야기도 나누지 못한 채 병원에서 새 가족을 맞이하게 되었습니다. 햇살이의 반응을 보니 확실히 엄마 아빠가 햇살이를 놀라게 했나 봅니다. 햇살 엄마 아빠가 이런 실수를 하고 말았네요.

햇살이는 일곱 살이 될 때까지 외동으로 지낸 아이입니다. 물론 동생이 생길 거라고는 상상조차 하지 못한 아이였지요. 그런데 어느 날 갑자기 찾아온 동생 소식에 병원 진료실에서 소동이 일어나고 말았습니다. 첫아이가 어려 동생이 생긴 것에 대해 이해를 못 하거나 별 반응을 보이지 않는 경우도 있지만 햇살이처럼 동생에 대해 알고 처음부터 싫어하는 마음을 표현하는 경우도 있습니다. 동생을 원하지 않았던 햇살이의 마음을 알고는 있었지만 이렇게 노골적인 표현은 엄마 아빠, 의사 선생님까지 너무나 당황스럽게 만들어 버렸습니다. 지금 생각하면 웃음이 나지만 그 순간은 서로에게 희비가 엇갈리는 운명의 시간임이 틀림없었습니다. 역시 임신은 가족들 간의 합의 하에 이루어지는 계획 임신이 좋다는 생각이 듭니다.

동생에 대한 첫아이의 반응도 아이마다 다르겠지만 이런 첫아이에 대한 부모의 반응도 아주 많이 다르답니다. 첫아이의 반응이 귀엽다고 웃어넘기는 부모, 괜찮다는 말을 되풀이하는 부모, 별것도 아닌데 소란

이라고 핀잔을 주는 부모, 대수롭지 않다고 그냥 넘어가는 부모, 이제부터 형이나 언니임을 강조하며 울음을 그치게 하는 부모. 부모마다 반응이 모두 다르지만 이 반응의 목적은 딱 하나입니다. 어떻게든 첫아이를 이해시켜 이 상황을 빠르게 정리하겠다는 것. 그런데 그다지 효과적인 방법은 아닌 것 같습니다. 왜냐하면 부모의 입장에서 괜찮은 것이 아니라 첫아이의 입장에서 괜찮아져야 하는 것인데 앞선 반응들에서는 첫아이를 괜찮게 할 어떤 배려나 위로가 없기 때문입니다.

햇살 엄마는 햇살이와 함께 동생을 맞이하는 상황을 최대한 평화롭게 해결하기로 결심했습니다. 평화를 원한 햇살 엄마가 가장 먼저 한 것은

"햇살이 너무 놀랐구나!"

라고 햇살이의 감정을 읽어준 것입니다. 이렇게 감정을 읽어주면 정말 아이가 괜찮아질까요? 안타깝게도 그게 그렇게 쉽게 되지는 않는답니다. 다만 아이는 자신의 감정을 솔직하게 표현할 수 있어 가슴에 답답함이 쌓이지는 않을 것이고 부모에게 수용되는 경험을 통해 점차 안정을 찾을 수 있게 됩니다. 그리고 부모는 아이의 진짜 마음을 알게 되어 그에 맞게 대처할 수 있게 됩니다. 그런데 습관적으로 "놀랐구나!"가 아니라 "놀랐어?"라고 반응하는 부모가 정말 많습니다. 감정 읽기는 "내가 너의 마음을 알아. 더 이상 울지 않아도 돼. 우린 충분히 대화로

해결할 수 있어."라는 신호를 보내는 것입니다. 이런 신호를 "놀랐어?"라는 질문의 형태로 받은 아이는 '내 얼굴 보고도 모르겠어? 정말 나한테 관심이 없군.'이라고 생각할지도 모릅니다. 아이와 대화를 할 때는 물음표가 아니라 마침표나 느낌표로 끝나는 말로 감정을 먼저 읽어주어 아이가 대화할 준비를 하도록 꼭 도와주면 좋겠습니다.

부모가 아이의 감정을 읽어주고 시간을 주어 아이가 자신의 감정을 정리하게 되면 반드시 대화를 통해 문제를 해결해야 한답니다. 아이와 부모가 실랑이하는 상황을 가만히 살펴보면 늘 새로운 문제로 실랑이를 하는 것이 아니라 비슷한 문제로 실랑이를 반복하는 것을 알 수 있습니다. 이 반복되는 문제로 부모는 아이를 키우다가 지치기도 합니다. 그래서 오늘 문제는 오늘 해결하는 것이 좋습니다. 물론 오늘 이 문제를 완벽하게 해결할 수도 없고, 해결한다고 해도 내일 다시 일어나지 않는다는 보장도 없습니다. 그러나 오늘 문제를 해결하면 내일 일어날 일의 강도가 조금은 약해질 수 있고, 오늘 해결을 한번 해보았으니 내일은 아이가 조금 더 성숙한 모습을 보여줄지도 모릅니다. 그래서 햇살 엄마는 햇살이에게

"울음 그치고 엄마랑 이야기하자."

라고 말하고 햇살이가 진정할 수 있도록 잠시 기다리며 함께 이야기할 것임을 전달하였습니다.

이때 흔한 부모의 첫 번째 실수는 이 상황을 빠르게 정리하기 위해 울음을 강제로 그치게 하는 것입니다. 감정이란 게 그렇게 쉽게 정리가 되는 것도 아니지만 부모가 옆에서 "그쳐야지. 뚝."이라고 재촉하게 되면 아이는 '내 마음도 모르고 자꾸 그치래.'라는 생각이 들어 더욱더 서러워집니다. 그래서 아이가 감정을 정리할 때까지 충분히 기다려 주어야 합니다. 그리고 이와는 반대로 아무 말도 하지 않고 아이가 울음을 그칠 때까지 기다리는 것이 두 번째 흔한 부모의 실수입니다. 부모는 속으로 '울음 그치면 이야기해야겠다.'라고 생각하지만 이런 부모의 생각을 알지 못하는 아이는 '내가 울어도 관심도 없네. 나 싫어하나 봐. 이제 정말 동생만 좋은가 봐.'라고 오해를 하게 됩니다. 또한 아이는 '내가 너무 울어서 엄마 아빠가 화났나 봐.'라고 부모가 화를 낼까 봐 눈치를 보기도 합니다. 따라서 반드시 부모는 아이에게 이야기를 하기 위해 기다리고 있음을 알려야 합니다.

그런데 이렇게 시간을 넉넉히 주고 기다려주는 멋쟁이 부모가 되고 싶지만 집이 아닌 장소에서 아이가 갑자기 울음을 터뜨리면 이렇게 반응하기가 결코 쉽지만은 않습니다. 주변 사람들의 따가운 시선을 온몸으로 느끼며 달래느라 전전긍긍하기도 하고, 억지로 울음을 그치게 하려다 오히려 부모가 더 화를 내게 되는 경험들 다들 한 번씩은 해 보았을 것 같습니다. 그리고 울던 아이도 그만 그치고 싶지만 멋쩍어서 쉽게 그치지 못할 때도 있습니다. 따라서 서로 진정하고 대화를 하기 위해서는 다른 사람들이 없는 곳으로 이동하는 것이 꼭 필요하답니다.

시간을 거슬러 햇살 엄마가 다시 두 번째 임신을 알게 된 날로 돌아간다면 분명 햇살 아빠와 함께 병원에서 아기를 확인한 후 집으로 돌아와 햇살이를 만날 것입니다. 그리고 햇살이에게 할 말이 있다고 한 후 동생이라는 새 가족이 생겼음을 알릴 것입니다. 또한 햇살이가 조금 진정이 된 후 동생을 궁금해할 때쯤 초음파 사진을 보여주었을 것입니다. 이런 과정을 거친다고 해서 햇살이가 처음부터 동생을 좋아할 리는 없겠지만 최소한 햇살이가 서서히 마음의 준비를 하고 동생을 만날 수는 있었을 것입니다. 이성적인 생각을 할 수 있도록 잠시 멈추고 흥분된 감정을 가라앉히는 것이 누구에게나, 언제나 제일 중요한 일인가 봅니다.

띵동!

양육 꿀팁 도착~

1. 아이의 갑작스러운 감정 표현에 당황스러울 때

1) 아이의 감정 읽어 주기

- "놀랐구나!", "화났네."라고 감정을 말로 표현해 주기
- "너의 마음을 내가 안단다."라는 메시지 전달이 주 목적
- "놀랐어?", "화났어?"와 같은 의문문은 절대 금지
- 의문문은 마음을 몰라주는 것 같아 감정이 안정되지 않음.

2) 아이의 감정이 안정될 때까지 기다려 주기

- 감정이 안정되어야 대화가 가능함.
- "울음 그치고 엄마랑 이야기하자."라고 말하며 부모가 기다린다는 것을 꼭 알리기
- 부모가 아무 말 없이 가만히 기다리기만 하면 아이는 부모가 자신을 싫어하거나 화가 난 거라고 오해할 수 있음.
- 주변인들의 시선이 느껴지지 않는 공간으로 이동 필수

2. 동생이 생긴 걸 알릴 때

- 동생의 존재에 대해 확인 후 엄마 아빠가 첫아이에게 직접 알리기
- 첫아이가 동생의 존재에 대해 궁금해할 때 초음파 사진 보여주기

“내 장난감에 침 묻힌단 말이야.”

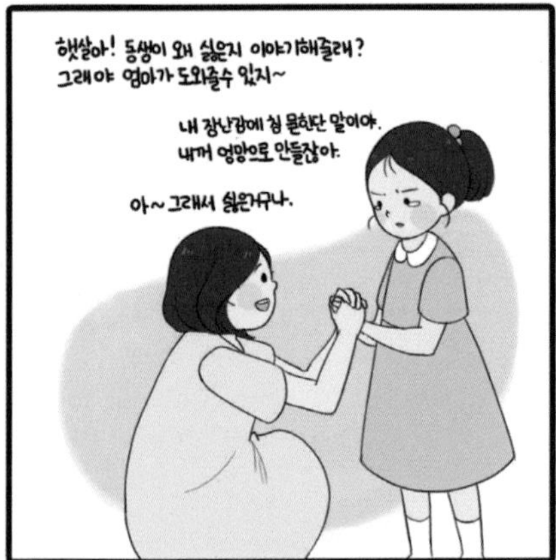

햇살이가 다니는 일곱 살 나무반에는 동생이 있는 친구가 많은데, 자유놀이 시간에 친구들과 나누는 이야기 중에 동생들로부터 받은 피해와 불편함에 대한 것들이 많은가 봅니다. 다시 생각해 보면 햇살이도 친구 동생의 흉을 보곤 했던 기억이 납니다. 햇살이의 그 작은 가슴에 친구들이 겪은 어려움을 자기도 겪게 될지 모른다는 힘든 마음이 들어갔을 때 얼마나 막막하고 걱정이 되었을까요.

첫아이가 동생을 처음으로 맞이하는 순간의 기억은 아주 중요합니다. 우리가 누군가의 첫인상을 기억하듯 첫아이도 동생에 대한 첫인상을 만들어 무의식에 저장시키기 때문입니다. 만약 이런 상황에서 "이제 형답게, 언니답게 행동해야지. 울긴 왜 울어?" 정도의 반응을 보인다면 동생에 대한 첫인상이 억울함과 답답함, 부담감으로 자리 잡게 되겠지요.

첫아이가 동생을 싫어하는 것에는 이유가 있습니다. 때문에 부모가 그 이유를 안다면 이 상황을 보다 쉽게 해결할 수 있습니다. 그렇다면 부모가 이 상황에서 무엇을 해야 할까요? 바로 아이만 알고 있는 지극히 개인적인 그 이유를 물어보는 것입니다. 그래서 햇살 엄마는 햇살이에게

"동생이 왜 싫은지 이야기해 줄래?"

라고 말하였습니다. 햇살이는 장난감에 침을 묻힐까 봐 싫다고 합니다. 대답이 참 일곱 살스럽습니다. 한편으로는 이 정도쯤이야 쉽게 해결할 수 있겠다는 생각이 들기도 합니다. 햇살이가 이유를 말했으니 햇살 엄마는 그에 대해 반응을 해 주어야겠지요. 햇살 엄마는

"아~ 그래서 싫은 거구나."

라고 햇살이의 마음을 받았습니다.

얼마 전 상담실에서 만난 아버님이 있습니다. 유치원 다니는 딸이 "난 행복하게 살고 싶어."라고 말했다고 합니다. 그래서 아버님이 꼭 딸을 행복하게 해주어야겠다고 생각했는데 도대체 무얼 해 주어야 하는지 모르겠다고 저에게 도움을 청하였습니다. 제가 이렇게 이야기했습니다. "딸에게 행복이 무엇인지, 행복하게 사는 게 무엇인지 꼭 물어보세요." 그러자 아버님이 황당하다는 표정으로 저를 쳐다보더니 "너무 쉬운 방법이라 맞는 건지 모르겠어요."라고 말하고 돌아갔습니다. 일주일 후 아버님이 딸에게서 답을 들었다고 좋아하며 상담실을 방문하였는데 딸이 말한 행복은 "아빠랑 같이 놀고, 같이 맛있는 밥 먹는 거야."라고 말했다고 합니다. 그 순간 이 아버님은 '물어보면 이렇게 쉬운 걸 왜 혼자 고민을 했을까'라는 생각을 했답니다.

어떤가요? 아이에게 물어보고 답을 들으니 해결해야 할 문제가 너

무나 쉽고 명확해졌지요. 아이의 말과 행동에 대해 이유를 모르거나 궁금하다면 아이에게 물어보는 게 제일 쉬운 일인데 그렇게 하지 않는 경우가 많습니다. 왜냐하면 난 부모이고 넌 아이이기 때문에, 부모인 나의 판단이 더 옳고 부모인 내가 도움을 주고 해결해야 한다고 생각하기 때문입니다. 물론 우리는 경험적으로 부모의 판단이 옳은 경우가 더 많고 능숙하게 문제를 해결할 거란 걸 알고 있지만 아이도 자신만의 생각이 있으니 이유나 원하는 것을 꼭 물어봐 주면 좋겠습니다.

그런데 문제는 아이가 이렇게 구체적으로 이유를 말할 수 있다면 다행이지만 그렇지 않은 아이가 훨씬 더 많다는 것입니다. 아이가 자신의 마음을 잘 모르는 경우도 있고, 자신이 어떤 말을 했을 때 핀잔이나 야단을 들었던 기억이 있어 말하기를 주저할 때도 있기 때문입니다. 이럴 때 부모가 가장 흔히 하는 첫 번째 실수는 "왜? 엄마 아빠가 동생만 더 예뻐할까 봐? 동생이 네 장난감 뺏어갈까 봐?"와 같은 유도신문입니다. 부모로부터 이런 질문을 받은 첫아이는 자신의 마음을 알아차리지 못하고 엉뚱한 이유를 말하기도 하고, 부모가 원하는 듯한 대답을 해 버리기도 하여 자신의 진짜 마음을 찾지 못하게 됩니다. 또 두 번째 부모의 흔한 실수는 아이에게 이유를 말하도록 계속 다그쳐서 오히려 아이가 말을 하지 못하게 만드는 것입니다. 아이가 이유를 말하지 못한다면 조금 시간이 걸리더라도 아이가 진짜 이유를 찾을 수 있도록 "그래, 갑자기 싫은 이유를 생각해내기 어려울 수 있어. 천천히 생각해 보고 엄마 아빠에게 꼭 말해 줘. 엄마 아빠가 꼭 도와줄게."라고 말하고 다음을 기약하는 것이 좋습니다. 그리고 세 번째 흔한 실수는 "동생이 있으면 같이 놀 수도 있고, 서로 힘든 거 도와줄 수도 있고 정말 좋아."라고 동생이 있는 것에 대한 장점을 말하는 것입니다. 아이는 결코 부모의 이 말에 동의하지 않을 것이고 오히려 '엄마 아빠는 정말 동생만 좋아하나 봐. 내 마음도 모르고.'라는 생각을 하게 됩니다. 당연히 동생이 좋아질 리는 없겠지요.

다행히 햇살 엄마는 햇살이가 동생을 싫어하는 이유를 들을 수 있었습니다. 그런데 아이가 말한 이유를 들은 후 부모가 하는 흔한 실수가 또 있습니다. "뭐야? 그게 이유야?"와 같은 말입니다. 듣기에 따라 아이가 말한 이유가 이유 같지 않게 느껴지기 때문입니다. 하지만 아이에게는 정말 중요한 문제이므로 이런 반응은 절대로 하면 안 된답니다. 이런 핀잔의 말을 들은 아이는 '기껏 울음 참고 말했더니 이 반응 뭐야?'라고 원망과 짜증이 더 많아질 수 있으므로 마음을 읽어주고 수용해 주는 것이 가장 좋습니다.

아이가 마음을 가라앉히고 이유까지 말했다면 이제는 부모가 도움을 주고 함께 해결해야 할 시간입니다. 햇살 엄마는 햇살이에게

"엄마가 아기한테 잘 말할게. 걱정하지 마."

라고 햇살이가 걱정하는 그런 일이 발생하지 않도록 동생을 잘 돌보

겠다고 약속을 하였습니다. 햇살이의 생각을 알게 되니 해결책 찾기가 그리 어렵지만은 않았습니다.

한 걸음 더 들어가 햇살이의 숨은 마음을 짚어보겠습니다. 햇살이와 나무반 친구들의 고민은 단순히 동생들과의 사이에서 벌어지는 장난감의 문제로 보이지만 사실 이것은 '부모와의 관계'에 관한 문제입니다. 동생들은 첫아이의 장난감을 자기가 가지고 놀겠다고 막무가내로 떼를 쓰기도 하고, 가지고 놀다 보면 침을 묻히기도 하고, 망가뜨리기도 하지요. 이럴 때 첫아이가 불만을 터뜨리거나 동생을 때리게 되면 부모는 대부분 동생 편을 들며 "동생이잖아. 양보해야지."라고 첫아이를 달래는 일이 많습니다. 그리고 "형이 돼서 그러면 안 돼."라고 따끔하게 훈육을 하기도 합니다. 첫아이의 입장에서는 엄마 아빠가 동생만 예뻐한다는 서운함, 동생이 내 장난감을 망가뜨린 것에 대한 화남, 분명 내 장난감인데 내 의사와는 상관없이 동생에게 주어야 하는 억울함이 생기게 되겠지요. 아마 햇살이와 친구들의 대화 속에도 분명 이러한 뉘앙스들이 숨어 있었을 테고, 이런 상황에 대해 전해 들은 햇살이가 동생을 싫어하는 건 어쩌면 당연한 일인지도 모릅니다.

첫아이와 동생이 장난감을 가지고 갈등할 때 부모의 올바른 반응은 무엇일까요? 첫아이에게 이해와 양보를 하게 하기보다는 잘못을 한 동생의 행동을 제한하는 것이 좋습니다. 동생을 엄마가 안으며 "형 거야. 형이 가지고 논 다음에 너도 가지고 놀 수 있어."라고 하는 것입니다. 그리고 조금 더 동생이 자라면 "형 거 가지고 싶으면 '빌려줘.'라고 말하는 거야."라고 알려주어야 합니다. 이 대목에서 궁금증이 생기지요? '과연 엄마의 말을 어린 동생이 이해할 수 있을까?'라고 말입니다. 당연히 어린 동생은 이 말을 이해하지 못합니다. 이 말을 하는 것은 앞으로 동생이 이해를 하게 되고 자신의 행동을 조절할 수 있도록 어릴 때부터 훈육을 받는 경험과 습관을 만들어 주기 위함입니다. 어릴 때부터 이렇게 훈육을 받았다면 4~5세부터는 이런 일로 갈등을 겪게 되는 일은 정말 많이 줄어들게 된답니다. 그리고 첫아이에게 "엄마가 동생을 잘 훈육하고 있어. 너의 권리를 보호해 줄게. 넌 안전해. 넌 여전히 사랑받는 존재야."라는 신호를 보내주기 위함입니다.

여기서 또 하나 '그럼 첫아이는 너무 이기적으로 자라지 않을까? 첫아이와 동생이 서로 양보도 좀 할 수 있게 해야 하지 않을까?'라는 의문이 생길 것입니다. 자신의 권리를 잘 보호받은 아이라면 다른 사람의 권리도 보호하고 존중해야 한다는 것을 자연스럽게 배워 절대로 이기적인 아이가 되지 않는답니다. 그리고 자신의 권리를 보호받고 여전히 그리고 충분히 부모로부터 사랑을 받고 있다는 것을 아는 첫아이라면 여유롭게 동생에게 스스로 양보할 줄 아는 너그러움도 생긴답니다.

아이가 말하는 이유는 부모의 관점에서는 정말 사소한 것일 수도 있습니다. 하지만 그 속에 들어 있는 메시지는 묵직한 관계의 근원일 때가 있습니다. 아이의 마음을 읽고 감추어진 메시지를 꼭 찾고 살펴 주길 바라봅니다.

띵동!

양육 꿀팁 도착~

1. 아이가 동생이 싫다고 할 때

1) 동생을 싫어하는 것을 인정해 주기

- 동생이란 존재의 등장은 아이 인생에 아주 큰 일임을 인정하기
- 동생이 생겼을 때의 장점에 대해 설득하거나 설명하지 않기
- 설득과 설명은 첫아이의 짜증을 유발하여 동생을 더 싫어하게 할 수 있음.

2) 동생이 싫은 이유 물어보기

- 동생이 싫은 이유를 알아야 해결할 수 있음.
- 이유를 물어보는 것 자체가 첫아이에게는 사랑과 관심의 표현으로 느껴져 위로가 됨.
- 사소한 이유 때문에 동생의 존재 자체를 거부하는 상황을 예방할 수 있음.
- 부모가 이유를 안다면 아이의 마음과 생각에 대해 대처하기 쉬움.

3) 아이가 이유를 말하지 못할 때는 충분히 생각할 시간 주기

- 아이도 자신의 마음을 모를 때가 있고 뾰족한 이유가 없을 때도 있음.
- 아이가 스스로 이유를 찾을 시간이 필요함.

- 유도신문 금지

- 부모가 답을 유도하게 되면 아이는 자신의 진짜 마음을 찾을 수 없음.

4) 어떤 이유라도 인정하고 수용해 주기

- 아이의 이야기를 부모가 수용해 주면 아이의 마음이 안정됨.

- 마음이 안정되면 대화가 가능함.

5) 해결책 함께 찾기

- '~하지 않기'가 아니라 '~ 하기'로 구체적이고 실천 가능한 해결책 함께 찾기

2. 동생이 첫아이의 장난감을 빼앗으려고 할 때

1) 누구의 소유인지 정확히 알려주기

- 동생에게 '형 거야.'라고 정확히 말해 주기

- 내 것과 너의 것을 구분할 줄 알면 갈등이 줄어듦.

2) '빌리기'에 대해 알려주기

- '형이 빌려주면 가지고 놀 수 있어. 빌려달라고 말해 봐.'라고 가르치기

- 빌리는 것에 대한 개념을 알게 되면 친구의 물건을 몰래 가지고 오는 일도 없음.

두 번째 이야기

갑자기 동생이 너무 좋아지다

"외할머니, 동생 생겼어요. 하하하."

햇살이는 정말 동생의 존재가 좋은 걸까요? 아이의 말과 행동은 서로 다를 때가 있습니다. 지금의 햇살이처럼요. 말은 분명 동생을 반기는 것 같지만 표정이나 그 말속에서 느껴지는 감정은 그와는 거리가 좀 있는 듯합니다.

몇 년 전 한 어머님이 도통 말을 안 해서 속을 모르겠다는 이유로 초등학교 2학년 딸을 데리고 상담실에 온 적이 있습니다. 어머님은 늘 이 딸과 동생과 함께 잤는데 어느 날 동생이 심한 감기에 걸렸습니다. 그래서 어머님은 딸에게 감기가 전염될까 봐 걱정이 되어서 동생이 다 나을 때까지 할머님 방에 가서 자라고 했습니다. 딸은 "알았어. 괜찮아."라고 했는데 목소리가 흔들리더니 눈물이 한 방울 또르르 흘렀다고 합니다. 정말 괜찮은 걸까요? 아닌 거죠.

아이는 거짓말을 못 하는 참 솔직하고 때 묻지 않은 존재라고 하지만 때로는 겉으로 표현되는 것과 속으로 느끼고 생각하는 것이 다를 때가 있습니다. 어떤 아이는 자신의 진짜 마음이 무엇인지 몰라서 말과 행동을 다르게 합니다. 그리고 어떤 아이는 상황이 충분히 이해되어 그렇게 해야 하는 것을 알지만 그렇게 하고 싶지 않아 말과 행동이 다르게 나타나기도 합니다. 또 어떤 아이는 부모에게 사랑받고 싶어서 억지로 부모의 요구를 수용하다 보면 어느새 자기도 모르게 진짜 마음이 불쑥 튀어나와 말과 행동이 달라지기도 합니다. 결국은 복잡하고 혼란스러운 마음이 말과 행동을 다르게 만드는 것입니다.

햇살이도 상담실을 찾은 2학년 여자 아이도 아마 머리로는 이해가 되지만 가슴으로는 받아 들일 수 없는 미묘한 것들로 인해 말과 행동이 다르게 나타난 것입니다. 이럴 때 부모는 진짜 속마음, 진짜 메시지를 찾아내야 합니다. 숨기려고 해도 숨길 수 없는 비언어적인 실마리. 바로 표정에서 말입니다. 그래서 아이와 대화를 할 때에는 눈으로 보고 귀로 들으라고 합니다. 숨어 있는 진짜 마음, 아이 본인도 모르는 진짜 속마음이 있을 수 있기 때문입니다. 햇살 엄마는 햇살이의 마음을 살피는 정도에서 마무리를 했지만 조금 더 이야기를 하고 싶다면 햇살이의 말과 행동이 다름에 대해 짚어주어도 좋겠습니다. "말과 표정이 왜 다르니?"라고 직접적으로 물으면 아이가 당황하고 자신이 무언가 잘못했다고 느낄 수도 있으니 조금 부드럽게 말해 보도록 하겠습니다.

"햇살아, 동생이 생겨서 좋은 마음도 있고
걱정되는 마음도 있나봐."

정도면 좋겠습니다. 물론 이 말에 대한 답은 들을 수 없을 가능성이 많습니다. 다만 첫아이의 마음을 부모가 살피고 있다는, 부모는 늘 첫아이인 널 중요하게 생각하고 있다는 마음만 전달하면 충분합니다. 이런 대화의 과정을 거친 아이라면 분명 언젠가 자신의 진짜 마음을 표현 할 수 있을 것입니다. 왜냐하면 진짜 마음을 표현해도 여전히 부모로부터 사랑받을 수 있다는 믿음이 있기 때문입니다.

띵동!

양육 꿀팁 도착~

1. 아이의 말과 행동이 다를 때

- 혼란스러움의 증거
- 이해는 하지만 받아들일 수 없는 것이 있다는 것을 이해해 주기
- 비언어적인 몸짓이나 표정에서 진짜 마음 찾기
- 진짜 마음을 표현해도 여전히 사랑받을 수 있다는 믿음을 갖도록 사랑해 주기

"아기 이름 지어야 해."

엄마, 아기 이름 지어야 해.
그래. 아기 이름을 지어야겠구나. 뭐가 좋을까?

요술같이 아기가 생겼으니까 이름을 '요술'이라고 하자. 어때?
요술? 그래 요술처럼 생겼지. 그리고 요술처럼 재능이 많은 아기면 좋겠네. 엄마는 좋아.

아빠는?
요술이라.. 그래 좋네. 요술이로 하자.

요술아! 언니야. 우리 요술이 예쁘다. 언제 태어나? 빨리 태어났으면 좋겠어.
햇살아, 아기 이름 지어줘서 고마워. 요술이도 언니가 지어준 이름을 좋아할 거야.

이렇게 이쁜 햇살이가 엄마 옆에 있어서 좋아.
엄마 딸로 태어나줘서 고마워.
혹여 자동차 안을 가득 채운 요술이 이야기로 햇살이가 서운할까봐
나는 햇살이에게 사랑과 고마움을 전했다.

오늘은 햇살이가 동생의 이름을 지어주었습니다. 자기는 '햇살'이라는 예쁜 이름이 있는데 동생은 이름도 없이 마냥 아기라고만 하는 게 이상했나 봅니다. 햇살이는 아기가 온 것이 아주 신기하고 재미있었는지 '요술'이라고 짓자고 했고, 다행히도 엄마 아빠 모두가 이 이름에 동의하여 한 번에 태명이 지어졌습니다. 지금 이 순간 부모는 무엇을 해야 할까요? 동생에게 좋은 이름을 지어준 햇살이에게 고마움을 전해야 합니다. 그런데 아기가 생긴 것과 태명까지 지은 것에 너무 흥분한 부모는 흔히 첫아이에 대한 고마움을 다 잊어버리고 배 속 아기에게만 집중하는 실수를 저지르게 됩니다. 아직 표도 안 나는 배를 쓰다듬으며 "우리 아기 이름이 생겼네. 예쁘구나."라고 말입니다. 이 순간 첫아이는 '올 것이 왔구나. 내 사랑을 내 자리를 이미 다 뺏겼구나.'라는 생각을 하게 되겠지요. 반대로 첫아이가 동생으로 인해 혹여라도 질투를 느끼거나 스트레스를 받을까 봐 "어머, 동생 이름도 지어주고 참 착하구나. 언니답네."라고 과한 칭찬을 하는 부모도 있습니다. 첫아이는 과한 칭찬에 기분이 좋을까요? 처음 몇 번은 좋을 수도 있겠지만 '나는 착하게 언니답게 행동해야 해.'라는 생각을 하게 되어 결코 좋지만은 않답니다. 때문에 햇살 엄마는 동생의 태명을 지어준 햇살이에게 동생을 대신하여

"아기 이름 지어줘서 고마워.
요술이도 언니가 지어준 이름을 좋아할 거야."

라고 이야기해 주었습니다. 이를 통해 첫아이는 가족의 일원으로서 동생이라는 새로운 가족을 위해 무언가 했다는 만족감을 느끼고 서로가 서로에게 소중한 가족 구성원으로서의 자리매김을 하게 됩니다.

그런데 어린 첫아이가 동생의 이름을 제대로 짓는다는 것이 그리 쉽지는 않지요. 또 괜찮은 이름을 말했다 하더라도 부모의 마음에 꼭 든다는 보장도 없습니다. 이렇게 서로가 원하는 태명이 다를 때 부모가 첫아이에게 "뭐 그런 이상한 이름을… 그냥 넌 가만히 있어."와 같이 핀잔을 주거나 무시하는 말을 할지도 모릅니다. 이 말을 들은 첫아이는 인생 처음으로 눈에 보이지도 않는 동생 앞에서 자존심이 상하게 되겠지요. 핀잔과 무시 절대 금지입니다. 그 대신

"그런 이름도 좋겠구나. 후보 1번.
우리 여러 가지 이름을 생각해 보고 같이 결정하자."

라고 첫아이의 의견을 인정해 주고 함께 고민하여 가족 모두가 만족하는 이름을 짓는 것이 바람직합니다. 이런 태명 짓기 과정에서 서로의 의견을 교환하면서 아이는 자연스럽게 대화를 통한 소통 능력과 문제 해결 능력을 키우게 된답니다. 그러나 만장일치가 어디 그리 쉽나요. 친한 사이에서는 이름 말고도 부르는 애칭이 따로 있는 것처럼 동생을 부르는 첫아이의 태명과 부모의 태명이 다른 것도 나쁘지만은 않을 것 같습니다.

띵동!

양육 꿀팁 도착~

1. 동생 태명 짓기

- 가족이 함께 지으며 가족 공동체로서의 소속감 느끼기
- 동생에 대한 첫아이의 호의에 감사를 표하기

2. 아이와 부모의 의견이 다를 때

1) 아이의 생각 인정하기

- 아이와 부모의 생각이 다를 수 있음을 인정하기
- "너는 그렇게 생각하는구나."라고 말하고 존중해 주기
- 생각은 그 자체로 존중되고 인정받을 때 더 좋은 생각을 할 수 있음.

2) 의견 조율의 과정 거치기

- 다름이 틀림이 아님을 이야기해 주기
- 서로의 의견을 조율하는 과정을 통해 바르게 대화하고 문제를 해결하는 능력이 길러짐.
- 대화는 탁구를 하듯 주고받아야 함.

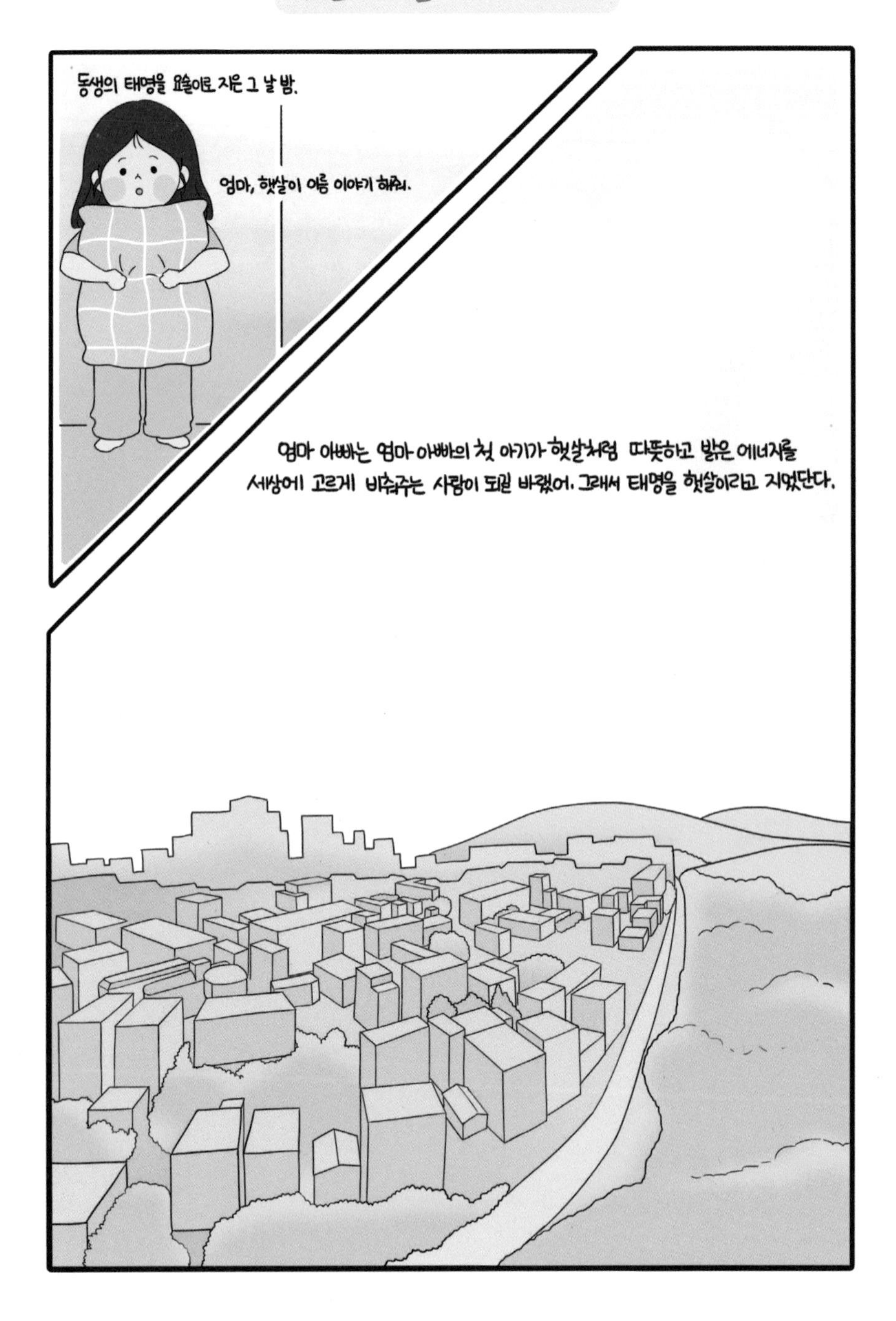
동생의 태명을 요술이로 지은 그 날 밤.
엄마, 햇살이 이름 이야기 해줘.
엄마 아빠는 엄마 아빠의 첫 아기가 햇살처럼 따뜻하고 밝은 에너지를
세상에 고르게 비춰주는 사람이 되길 바랬어. 그래서 태명을 햇살이라고 지었단다.

햇살이래…
까르르

나 그래서 땀이 많은가봐.
오늘도 햇살이네는 감동이 코믹으로 끝났다.

임신 확인 후 부모는 '태명 짓기'를 합니다. 행복이, 소망이, 사랑이, 기적이, 다복이. 저마다의 소중함과 기대감을 가득 담은 이름입니다. 가수는 노래 따라가고, 배우는 작품 따라간다는 말이 있습니다. 많이 부르고 불리는 게 한 사람의 이미지, 마인드, 정체성 등을 만들기 때문입니다. 이런 건 굳이 말하지 않아도 우리 모두 다 알고 있지요. 그래서 태명을 지을 때도, 이름을 지을 때도 신중에 신중을 더한답니다. 그런데 가끔은 아무렇게나 지은 듯한 태명도 있습니다. 아빠의 성이 '한'이니까 아이 태명은 '한봉지', 시험관 시술에 엄청난 돈을 쏟아서 만난 아이라 '천만이, 억만이'. '태명이 이게 뭐야?'라고 생각할 수도 있겠지만 옛말에 귀한 아이일수록 무탈하게 잘 자라라고 아무렇게나 이름을 지었다고 하니 지금의 이름 짓는 추세와는 좀 다르지만 그리 나쁘지만은 않은 것 같습니다.

태명을 짓는 것은 부모가 아이의 존재를 인정하는 첫 번째 통과의례와 같은 것입니다. 그래서 태명 이야기는 첫 번째 '탄생신화'입니다. '탄생신화'라고 하면 너무 거창한가요? 태교 시간에 만나는 부모님들도 다들 처음에는 이런 반응을 보인답니다. 단군 할아버지, 주몽, 박혁거세 등 위대하다고 불리는 인물들에게만 있고, 사실이라고는 도저히 믿을 수 없는 이야기가 대부분이라 그럴 수도 있겠습니다. 그러나 부모만 알고 있는, 세상에 알려지지 않은 수많은 아이들의 탄생에 관한 이야기가 있습니다. 왜 엄마들이 아기 낳는 이야기를 시작하면 끝이 없겠어요. 다들 이런 심오한 이유가 있답니다. 나라의 큰 인물들은 위대함과 당위성을 나타내기 위해 탄생신화가 있습니다. 우리의 아이들도 그렇답니다. 한 아이가 세상에 오기까지 아주 많은 과정이 있습니다. 사랑하는 남녀가 만나 연인관계로 발전을 하고 부부가 탄생하고 아기맞이를 준비하는 수많은 시간과 노력과 사랑이 있습니다. 그 결과로 부모에게 온 아이. 당연히 대단한 존재이고 부모와 함께하며 사랑받을 충분한 이유가 있습니다. 그 존재를 한 단어로 규정해 주는 것이 바로 '태명'입니다. 따라서 태명은 첫 번째 탄생신화로서의 자격이 충분합니다. 이런 탄생신화는 아이의 자존감을 형성해 주는 기초가 됩니다.

한 걸음 더 들어가 자존감에 대해 알아보겠습니다. 자존감이란 스스로 자신을 소중하고 중요한 존재라고 생각하며 아울러 타인도 자신만큼 소중하고 중요한 존재로 알고 존중해줄 수 있는 마음입니다. 그런데 가끔 영화에서 보면, 아니 현실에서도 갑질하는 누군가를 보게 되지요. 이런 갑질을 하는 사람들은 '나는 다른 사람들과 달라. 나만 특별해.'와 같은 특권을 부여받아 자신만이 소중하고 중요한 존재라고 생각하는 자만심이 많은 것입니다. 자만심은 타인에 대한 배려가 없다는 것이 자존감과 가장 다른 점이며 이로 인해 자만심이 많은 사람은 일명 갑질을 하게 되는 것입니다. 그래서 자만심이 아닌 자존감이 높은 아이로 성장하도록 도와주어야 합니다.

이 자존감은 아이에게 절대적인 부모가 아이를 대할 때의 말과 행동, 아이에 대한 부모의 생각과 평가를 통해 일차적으로 형성됩니다. 부모가 아이를 따뜻하게 안아주고 부드러운 음성으로 말을 걸어주고 존중의 태도로 양육을 해줄 때 아이는 온 몸으로 '아~ 나는 이만큼의 사랑을 받는 소중한 아이야.'라고 생각하게 되고 그 행복감을 가슴에 새기면서 서서히 자신에 대한 개념을 긍정적으로 만드는 것입니다. 그리고 아동기쯤 되면 부모에 의해 만들어진 자신에 대한 이 긍정적인 이미지가 맞는지 틀렸는지를 친구나 선생님과의 관계 속에서 그리고 학교생활 등에서 스스로 생각해 보는 과정을 거치게 됩니다. 이때 아이는 자신에게 의미 있는 사람들과의 관계 속에서 존중과 배려, 사랑 등을 받게 될 때 '아~ 엄마 아빠가 알려준 것처럼 난 정말 괜찮은 아이구나.'라고 생각하게 되고 이 생각의 정도가 아이의 자존감의 정도가 됩니다. 자존감이 높은 아이는 다른 사람에게 '내가 가치로우니까 너도 가치로워'라고 생각하게 되어 배려와 존중을 해줄 수 있게 된답니다.

아이의 자존감을 형성해 주는 이렇게 중요한 탄생신화를 부모만 알고 있으면 안 되겠지요. 주인공인 아이가 꼭 알아야 합니다. 햇살 엄마는 임신 중에는 배를 쓰다듬으며 따뜻하게 태명을 불러주고 태명의 의미를 알려주었습니다. 그리고 햇살이가 태어난 후에는 잠자기 전 고요하고 편안한 시간에 귓가에 속삭이듯

"햇살처럼 따뜻하고 밝은 에너지를 세상에 고르게 비춰주는

사람이 되길 바랐어.

그래서 태명을 '햇살'이라고 지었단다."

라고 태명에 대해 말해 주었습니다. 잠들기 전이 가장 감수성이 풍부하고 또한 잠자기 전의 감정이 밤새 아이의 무의식에 저장되어 성격을 형성합니다. 그래서 낮에 꾸중했더라도 자기 전에는 서로 용서하고 화해한 후 편안하게 재우라고 한답니다. 잠자기 전 포근하고 행복하게 태명을 통해 부모의 사랑과 기대를 전해주길 바라봅니다.

양육 꿀팁 도착~

1. 첫 번째 탄생신화 '태명 이야기'

1) 태명으로 자존감 형성하기

- 부모의 소망과 사랑을 듬뿍 담아 짓기
- 태어나기 전부터 이름이 있었다는 것만으로도 아이는 자신의 존재감을 인정받은 것
- 태명은 높은 자존감의 바탕

2) 아이에게 태명 불러주기

- 따뜻하고 부드러운 음성으로 불러주기
- 아이는 태명을 통해 부모의 사랑을 느낌.

첫 번째 탄생신화

________의 태명 이야기

“내가 선물로 주려고 하는데 잘 모르겠어.”

아. 요술이에게 장난감을 주고 싶지만 햇살이도 필요한거구나.
응.

그럼 나중에 다시 생각하면
좋을 것 같은데. 요술이가 태어난
다음에 햇살이가 진짜로
주고 싶은 게 있으면 그 때 주면 돼.

정말?

그럼. 선물은 정말로 주고 싶고,
주고 난 다음에 행복해질 때 주는거야.
응. 고마워. 엄마.
별말씀을요. 공주님.
갑자기 밝아진 햇살이의 모습에서 고민의 무게가 느껴졌다.

햇살이가 뜬금없이 아직 배 속에 있는 요술이에게 장난감을 주겠다고 합니다. 그러나 막상 주려니 망설여지는 게 당연한 거겠지요. 아직도 자기에게 필요하고 좋아하는 장난감들이니까요. 그런데 왜 햇살이는 갑자기 자기 장난감을 요술이에게 주려고 했을까요? 아마도 좋은 언니 노릇을 해보고 싶었나 봅니다. 햇살이가 생각했을 때 가장 먼저 떠오른 좋은 언니의 모습은 장난감을 나누어 주는 것이었을 텐데 그게 생각만큼 잘 안 되었던 것이지요. 엄마가 생각했을 때는 피식 웃음이 나는 상황이지만 햇살이에게는 실로 심각한 순간임이 틀림없습니다.

이런 순간에 부모가 가장 흔히 하는 반응은 "양보도 하고 착하네. 기특하다. 멋진 언니네."라고 하는 것입니다. 그리고 이 순간을 놓칠세라 부모가 더 신이 나서 첫아이의 장난감 중에서 쓰지 않는다고 생각하는 여러 가지를 가지고 와서 "이것도 줄까? 저것도 줄까? 아기가 정말 좋아하겠네."라고 더욱 동생의 장난감을 챙기기도 합니다. 이 순간 첫아이 마음은 어떨까요? 주고 싶던 마음이 순간 싹 사라져 버리게 될지도 모릅니다.

'착하다'는 말의 뜻은 '곱고 어질다'인데 '곱다'는 말은 당연히 아이에게 어울리지만 '어질다'는 과연 아이에게 어울리는 말인가 생각하게 됩니다. 그리고 '착하다'는 대부분 긍정적인 뜻으로 여기지만 어떨 때는 굉장히 갑갑한 말이 될 수 있습니다.

아이가 너무 양보를 많이 해서 고민이라는 어머님이 상담실을 찾아왔습니다. 이 어머님께서는 어릴 때부터 아이가 너무 이기적으로 자랄까 봐 걱정돼 조금 손해를 보더라도 늘 양보를 하도록 양육을 했다고 합니다. 초등학교 때까지는 어머님의 바람대로 양보를 잘하고 친구들과의 관계도 원만한 보통의 평범하고 착한 아이로 자랐다고 합니다. 그런데 중학생이 되면서 문제가 생기고 말았습니다. 중학생쯤 되면 보통의 아이들도 친구들과의 관계를 정말 중요하게 생각하여 엉뚱한 행동을 하기도 하는데 늘 양보하며 자란 이 아이는 자신의 것을 몽땅 줘 버리는 상황이 벌어진 것입니다. 그리고 친구에게 준 그 물건이 다시 필요하게 되면 어머님께 사달라고 하는 상황이 반복되어 버린 것이지요. 양보할 줄 아는 아이로 자라게 한 것이 특별히 잘못된 것은 아닌 듯한데 왜 이런 문제가 발생하게 되었을까요? 이 아이는 양보를 잘하는 이타적인 성향을 벗어나 '착한 아이 콤플렉스'에 빠져버린 것입니다.

양보를 잘하는 이 아이도 처음 양보를 했을 때는 '착하구나.'라는 칭찬도 받고 좋았을 것입니다. 그런데 이런 양보에 대한 칭찬이 반복되었을 때 아이는 분명 양보하기 싫을 때도 있었겠지만 '양보를 안 하면 나쁜 아이야.'라고 생각하게 되었을 것입니다. 그래서 싫지만 착한 아이로 행동하기 위해 양보를 하게 되고 어느 순간 양보를 해야 하는지, 하지 않아도 되는지 구분을 못 하는 이런 상황에 놓이게 된 것입니다. 이처럼 나의 의지와는 다르게 착하게 행동해야만 한다는 사고를

'착한 아이 콤플렉스'라고 합니다. 이렇게 착하다는 말이 때로는 부정적인 결과를 낳기도 한답니다.

그래서 햇살이 엄마는 햇살이가 요술이에게 장난감을 주겠다는 말에 대해 칭찬을 하기보다는

"요술이 선물 고르고 있었구나.
그런데 뭘 모르겠다는 거야?"

라고 햇살이의 상황만 읽어준 것입니다. 그리고 "잘 모르겠어."라는 햇살이의 말의 의미에 대해 물어 보았습니다. 그랬더니 햇살이는 동생에게 선물을 주겠다는 생각과는 다르게 장난감을 주고 싶지 않은 진짜 마음을 표현하게 되었습니다. 멋진 언니의 역할을 해보고 싶었으나 마음속에 꿈틀대는 '나도 이 장난감 가지고 놀고 싶어. 나도 필요해.'라는 진짜 마음이 이를 막아버린 것입니다. 이에 대해 햇살 엄마는

"그럼 나중에 다시 생각하면 좋을 것 같은데.
요술이가 태어난 다음에 햇살이가 진짜로 주고 싶은 게 있으면
그때 주면 돼."

라고 진심으로 장난감을 주고 싶어질 때까지 잠시 결정을 미뤄 두도록 하였습니다. 그리고 햇살 엄마는 햇살이에게

"선물은 정말로 주고 싶고,
주고 난 다음에 행복해질 때 주는 거야."

라고 선물에 대해서도 알려주었습니다.

선물의 의미를 아는 것은 매우 중요합니다. 학교에서 가끔 이런 일이 있습니다. 한 아이가 좋은 연필을 가지고 있습니다. 이 연필을 가지고 싶었던 짝꿍이 이렇게 말을 합니다. "그 연필 나한테 선물로 줘." 만약 이 아이가 선물의 의미를 모른다면 '친구가 선물로 달라는데 줘야 하는 건가?', '선물을 안 줘서 짝꿍이 나랑 안 놀면 어떡하지?'라는 고민에 빠지게 될지도 모릅니다. 때문에 선물의 의미는 '생일과 같은 특별한 날, 내가 스스로 주고 싶을 때, 선물을 주고 난 후 내 기분이 좋을 때 주는 것, 선물은 달라고 하는 게 아니라는 것'이라고 꼭 알려 주어야 합니다. 선물의 개념을 정확히 알고 있을 때 좋은 친구와 그렇지 않은 친구를 구분할 줄 알게 되어 선물이라는 명분으로 무언가 강제로 달라고 하는 친구에 대해서도 경계를 할 수 있게 된답니다.

한 걸음 더 들어가 햇살이나 양보를 너무 많이 해서 문제가 된 그 아이처럼 누군가에게 양보를 할지 말지 결정해야 하는 상황에서 올바르게 행동하도록 양보와 그에 대한 칭찬에 대해 알아보겠습니다. 먼저 제대로 양보를 하기 위해서는 '양보는 하고 싶을 때 하는 것'임을 가르치는 것이 중요합니다. 만약 첫아이가 가지고 놀고 있는 장난감을 동생이 달라고 했을 때 첫아이가 양보를 하고 싶다면 하는 것이고 아니라면 "지금은 내가 가지고 놀고 있어서 안 돼."라고 정확히 거절의 의사를 표현하도록 훈육하면 됩니다. 당연히 동생은 형의 이 말에 울고 떼를 쓰게 될 것입니다. 이런 상황이라면 부모가 첫아이에게 양보를 요청하거나 강요하는 것이 아니라 동생에게 "지금은 형이 가지고 놀고 있어. 형이 빌려주면 너도 놀 수 있어."라고 훈육을 해 주면 됩니다. 동생이 조금 더 자라면 자연스럽게 "형, 그 장난감 나한테 언제 줄 수 있어?"라고 묻게 되어 장난감으로 인한 갈등은 사라지게 됩니다. 또한 첫아이는 거절을 잘하는 방법을 익혀 자신의 의지와 다르게 행동하거나, 거절 후 불필요한 미안함을 느끼는 것을 예방할 수 있습니다.

그리고 양보를 너무 많이 하는 첫아이에게도 양보를 가르쳐야 합니다. 양보를 잘하는 첫아이 덕분에 가정의 평화는 지켜질지 몰라도 첫아이의 스트레스는 날이 갈수록 쌓이고 동생의 고집은 날로 강해질 수 있습니다. 당연히 무조건 양보하기는 안 되는 것이지요. 그래서 늘 양보만 하는 첫아이에게 부모가 꼭 해야 하는 것이 있습니다. 첫 번째는 첫아이의 마음에 대해 살피는 것입니다. "너도 가지고 싶을 텐데. 괜찮겠니?"라고 첫아이의 감정을 어루만져 주는 것이 필요합니다. 이런 말을 들어 본 적이 있는 첫아이는 자신의 마음에 대해 위로를 받을 수 있게 되어 섭섭함과 같은 감정을 달랠 수 있게 됩니다. 또한 '나도 가지고 싶으면 가지고 싶다고 말할 수 있어.'라는 생각을 하게 하여 억지로 양보하는 것을 예방할 수 있답니다. 두 번째는 동생에게 "이번에는 형이 양보했으니 다음번에는 네가 양보를 하면 좋겠구나."라고 부모가 살짝 중재해 주는 것입니다. 잘해 주면 고맙다고 생각하기보다는 어느 순간 자신의 권리라고 착각한다는 말이 있습니다. 첫아이가 동생을 배려해서 하는 양보가 동생에게 권리가 되지 않도록 부모가 도와주면 좋겠습니다.

부모가 양보에 대해 알려주어 첫아이가 자신의 의지대로 양보를 했다면 앞으로도 계속 자신의 의지대로 양보를 할 수 있도록 칭찬을 제대로 해 주어야 합니다. 양보를 한 첫아이에게 할 수 있는 칭찬의 말은 "동생에게 장난감을 양보했구나. 동생이 고마워하겠구나." 혹은 "같이 잘 놀아서 보기 좋구나." 정도면 충분합니다. 이때 중요한 것은 칭찬을 구체적으로 즉시 해야 한다는 것입니다. 그래야 아이가 자신이 어떤 것으로 인해 칭찬을 받는지 알게 되고 칭찬으로 인한 만족감을 느끼게 되어 올바른 행동을 꾸준히 할 수 있게 된답니다. 반면 절대로 하면 안 되는 칭찬도 있습니다. "양보도 하고 착해. 역시 형답네."라고 칭찬을 한다면 칭찬을 받은 첫아이는 '양보를 하지 않으면 나쁜 거구나. 형답지 못한 거구나.'라는 생각을 하게 되어 양보에 대해 부담을 가지게 됩니다. 때문에 '형답다', 혹은 '착하다'와 같이 인성을 평가하는 칭찬은 절대 하지 않아야 합니다.

고래도 춤추게 한다는 것이 칭찬인데 사실 이런 칭찬을 잘하지 못

하는 부모도 많습니다. 부모가 칭찬을 잘하지 못하는 이유는 3가지 정도로 요약할 수 있습니다. 첫 번째는 무뚝뚝한 성격으로 표현이 서툴어서입니다. 이럴 때는 그냥 익숙해질 때까지 연습을 하면 됩니다. 두 번째는 부모의 기대가 너무 높아 아이에게서 칭찬할 만한 것을 찾지 못해서입니다. 이럴 때는 부모의 기대를 낮추고 아이의 장점을 찾아보는 것이 좋겠습니다. 그리고 당연히 해야 하는 것이라도 잘했다면 칭찬을 해 주어야겠습니다. 세 번째는 가장 슬픈 이유입니다. 어릴 적에 칭찬을 받아 본 적이 없어 칭찬을 어떻게 하는 것인지 방법을 몰라서입니다. 이럴 경우에는 어린 시절을 잠시 회상하여 그때 받고 싶었던 칭찬을 떠올려 보고 그 칭찬을 아이에게 해 주면 됩니다.

어떤 상황이든 아이의 진짜 마음을 찾아 그 마음을 이해해 줄 때 상황을 해결할 수 있는 실마리를 찾고 올바른 선택을 할 수 있도록 도와줄 수 있습니다. 아이의 진짜 마음에 집중해 보길 기대합니다.

띵동!

양육 꿀팁 도착~

1. 선물의 의미

- 선물은 생일과 같이 특별한 날 주는 것
- 선물은 주고 싶은 사람이 스스로 주고 싶을 때 주는 것
- 선물은 주고 난 후 기분이 좋은 것

2. 칭찬

1) 칭찬하는 방법

- 즉시 구체적으로 하기
- 결과보다 과정을 중심으로 칭찬하기
- 당연한 것이라도 잘했고 고맙다면 칭찬하기
- 인성 평가 금지
- 과한 칭찬 금지
- 잘못된 칭찬의 부작용으로 착한 아이 콤플렉스가 나타남.

2) 칭찬을 못 하는 이유와 대안

- 무뚝뚝한 성격으로 표현이 서툴 때 → 연습하기

- 부모의 기대가 너무 높아 아이가 기대에 못 미칠 때

→ 기대를 낮추고 아이의 장점 찾기, 일상적인 것 칭찬해 보기

- 어릴 적 칭찬을 받아 본 적이 없어 방법을 모를 때

→ 받고 싶었던 칭찬을 생각하고 표현하기

3) 좋은 칭찬의 예

- 밥을 혼자서 떠먹었을 때 → "이야~ 혼자서도 숟가락질 잘하는구나."
- 장난감을 정리했을 때 → "와! 깨끗하게 정리했네."
- 동생 기저귀를 가져다 줬을 때 → "기저귀 가져다 줘서 고마워."
- 받아쓰기에서 목표 점수를 받았을 때 → "열심히 연습한 보람이 있네. 수고했어."

3. 첫아이가 동생에게 양보할 때

1) 첫아이의 행동 칭찬하기

- "동생에게 양보했구나. 동생이 고마워하겠네."라고 구체적으로 칭찬하기
- "동생에게 양보도 잘하고 참 착하구나."와 같이 인성을 평가하는 칭찬은 절대 금지

2) 좋은 양보에 대해 가르쳐주기

- 양보는 하고 싶을 때 하는 것임을 반드시 알려주기
- 양보를 통해 다른 누군가를 배려하는 것만큼 거절을 통해 자신의 마음을 잘 배려하는 것도 중요하다는 것 알려주기

세 번째 이야기

햇살이의 퇴행이 시작되다

"아빠가 내 팔 아프게 하잖아. 엉엉엉."

며칠이 지난 어느 날 저녁.
요술이 언니 햇살아, 밥 먹자.
뭔가 이상한데...

저녁을 먹은 후 아빠랑 즐거운 놀이 시간이다.
하하하
히잉, 히잉, 공주님 어디로 모실까요?
별나라로 가자.
예, 알겠사옵니다.

빙글
빙글
까르르

아악
우아앙—

햇살아, 갑자기 왜 그래?

햇살이 화가 많이 났구나.
무슨 일인지 엄마한테 말해 줄래?
아빠가 빙글빙글 그네 할 때
내 팔 아프게 하잖아.

엉 엉 엉

햇살이 아팠구나. 아빠가 몰랐나 보다.
내가 꼭 말을 해야 알아?

햇살아. 아프게 해서 미안.
안아프게 다시 놀자.
그래. 내가 한번만
봐주는거야.
고마워.
아빠의 노력만큼 햇살이의 웃음 소리가 다시 커졌다.

햇살이의 평소와 다른 모습에 엄마 아빠가 잠시 당황을 했습니다. 여러 날 동안 햇살이는 자기를 '언니'라고 말하며 밥 먹기, 씻기, 옷 입기 등등 뭐든 정말 다 큰 언니처럼 잘하더니 오늘은 갑자기 화를 잔뜩 내었습니다. 사실 햇살 엄마는 햇살이가 자기를 '언니'라고 부르며 자기 일을 스스로 할 때 좋기도 했지만 너무 열심히 하는 햇살이 모습에 내심 신경이 쓰였습니다. 그러나 햇살이가 스스로 할 때 가장 편한 사람이 엄마이기도 한지라 신경 쓰이는 것은 잠시 접어두었습니다. 그리고 스스로 잘하는 멋진 언니의 모습이 영원히 지속되길 바라며 '요술이 언니 햇살이'라고 부른 것이 화근이 되고 말았습니다. 터질 것이 터진 것입니다.

일곱 살쯤 되어서 스스로 자기 일을 잘하는 것은 어쩌면 자연스러운 일이기도 합니다. 그러나 햇살이의 지금 상황은 자연스럽지만은 않습니다. 동생이 없는 상황에서 스스로 잘하는 아이가 되었다면 그 성장에 박수 쳐 주고 격려해 줄 만합니다. 그러나 지금은 동생이 생긴 걸 알고 스스로 언니라는 직책에 자신을 올려두고 그에 맞추어 행동하려고 했으니 절대로 자연스러운 성장이라고 할 수는 없습니다. 이러다 보니 햇살이는 혼자 버거웠던 것입니다. 바로 이것, 부모가 조심해야 하는 것 '가성숙'입니다. '가성숙'이란 가면 속에 숨어서 자신의 본모습이 아니라 기대되는 자신을 보여주는 것입니다. 다시 말하면 가성숙이란 아이가 사고나 감정 발달에 있어 실제 연령에 기대되는 수준보다 더 성숙한 것인데, 말 그대로 성숙해진 것이 아니라 성숙해진 듯이 사고하고 행동하는 것을 말합니다. 이러한 가성숙은 자신에게 의미 있는 사람들 특히, 부모로부터 조금 더 사랑받고 싶고 인정받고 싶어 기대되는 바를 행동하게 되는 것입니다. 어떤 아이는 부모와 상관없이 자신이 꿈꾸는 멋진 역할과 의무를 부여하고 잘하고 싶어 과하게 노력하는 경우도 있습니다. 어떤 이유라도 가성숙은 자신을 힘들게 합니다. 햇살이도 며칠 가성숙된 모습으로 언니 코스프레를 하더니 이제는 다시 자신의 본모습으로 돌아오려고 하나 봅니다. 다행이지요. 가성숙이 오래가지 않고 다시 자신의 모습을 찾기 위해 노력을 하고 있으니까요.

상담실에서 중학생 딸에 대한 고민을 가진 부모님을 만난 적이 있습니다. 이 부모님께는 여섯 살 터울의 딸이 또 있었습니다. 부모님의 이야기를 들어보면 처음 동생이 태어났을 때는 첫아이에게 아무런 문제가 없었다고 합니다. 오히려 부모님의 걱정과는 다르게 첫아이가 동생을 너무 좋아하고 잘 돌보아 주고 늘 양보만 하여 기특하기도 하고 신기하기도 하여 멋진 언니라고 칭찬도 많이 해 주었다고 합니다. 그런데 문제는 사춘기가 되면서 시작되었습니다. 지금까지와는 다르게 첫아이가 동생에 대해 싫은 감정을 마구 쏟아내고 어머님에게서 안 떨어지려 하여 중학생임에도 불구하고 어머님과 같은 방에서 잠을 자겠다고 한 것입니다. 갑자기 달라진 첫아이의 모습에 부모님이 어찌해야 할지 몰라 상담실에 온 것입니다. 만약 이 첫아이가 처음 동생의 존재에 대해 알게 되었을 때부터 보통의 아이 같이 질투하고 퇴행

하는 행동을 보였다면 부모님이 첫아이의 마음을 이해하고 어떤 방법으로든 갈등을 해결하고 관계를 회복하려 노력했을 텐데, 가성숙에 숨겨진 첫아이의 마음을 부모님이 몰라서 문제가 커지고 말았습니다.

햇살이도 지금 가성숙의 모습을 벗지 못한다면 위와 같은 상황이 언제든 벌어질 수 있을 것입니다. 가성숙 상태에서의 부담스러움과 서운함 등의 마음이 커지면 신기하게도 마음은 제자리를 찾기 위해 '퇴행'을 보입니다. 퇴행은 아기처럼 젖병을 빤다거나 아기말을 하는 등의 행동으로도 나타나고 감정의 기복이 심해져 사소한 일에도 눈물을 흘리고 토라지며 부모를 자신의 옆에 두고 사랑을 독차지하려는 정서적인 어려움으로도 나타나게 됩니다. 이런 과정 속에서 숨겨져 있던 자신의 진짜 마음을 표현하고 내재되어 있던 불편한 감정들을 쏟아내며 부모와의 관계를 새롭게 맺게 됩니다. 이를 통해 비로소 자아가 튼실해지고 자신의 온전한 모습을 찾게 되는 것이지요.

이런 변화의 과정이 햇살이에게도 일어나고 있습니다. 때문에 동생으로 인한 퇴행 행동에 대해 무조건 야단을 치거나 무시하는 것이 아니라 아이의 마음을 읽어주고 다시 제자리를 찾을 때까지 도움을 주어야 합니다. 도움 중 가장 중요한 것은 마음을 이해해 주고 사랑받고 싶은 욕구를 충족시켜 주는 것입니다. 그래서 햇살 엄마 아빠는 햇살이에게

"햇살이 아팠구나.

아프게 해서 미안."

이라고 마음을 읽어 주고 사과도 한 것입니다. 만약 "별것도 아닌데 뭘 그래. 놀다 보면 그럴 수 있지. 아빠가 일부러 그런 것도 아닌데 빨리 기분 풀어."라고 말했다면 햇살이는 엄마 아빠로부터 자신의 마음이 하찮은 것으로 여겨지고 무시되었기 때문에 더욱 투정을 부리고 짜증을 내었을 것입니다. 아이의 퇴행은 가족 관계를 더욱 돈독하게 하는 거름이니 아이에게 하지 말라고 야단치고 무시하기보다는 공감과 수용을 통해 원래의 모습으로 돌아갈 수 있도록 도와주는 것이 필요합니다.

띵동!

양육 꿀팁 도착~

1. 가성숙

- 진짜 내 모습이 아닌 기대되는 내 모습에 맞추어 사고하고 행동하는 것
- 의미 있는 대상에게 인정과 사랑을 받으려는 목적
- 스트레스로 작용

2. 퇴행

- 애정을 비롯한 욕구 충족을 위한 행동
- 숨겨진 욕구를 이해하는 것이 중요
- 무조건 야단치고 무시하기 절대 금지

"나 치카치카해 줘."

햇살이네의 분주한 아침이 시작된다.
서둘러야겠네.
엄마!

햇살아, 무슨 일?
엄마, 나 치카치카 해 줘.
순조롭게 진행되던 출근 준비에
브레이크가 걸리는 순간이다.

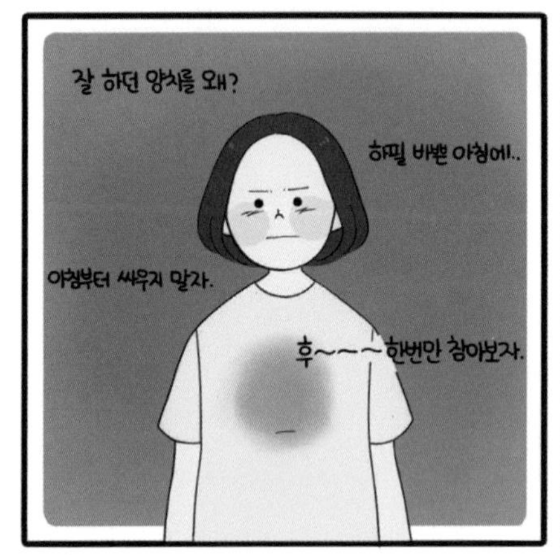

잘 하던 양치를 왜?
하필 바쁜 아침에..
아침부터 싸우지 말자.
후~~~ 한번만 참아보자.

팟-
퇴행

햇살이 양치 잘하는데.
엄마 도움 없이도 혼자 할 수 있을 것 같은데.
팔에 힘이 없어. 칫솔을 들 수가 없어.

아, 오늘은 칫솔을 못 들 만큼 팔에 힘이 없구나.
큰일이네. 유치원 다녀와서 공놀이 하기로 했는데 어쩌지?
그건. 아니야. 공놀이는 할 수 있어.
유치원에서 힘을 다시 길러올 거야.

그럼 오늘 밤 부터는 다시 혼자 잘 할 수 있겠네.
응.

좋아. 그럼 오늘 아침만 특별히 엄마가 치카치카 도와주는거야. 오늘 밤 부터는 햇살이가 하는거야.
응.
다행히 분주한 아침이 잘 마무리 되었다.

햇살이는 팔에 힘이 없다는 핑계로 엄마에게 양치를 해 달라고 하였습니다. 이제 햇살이는 본격적으로 퇴행을 하려나 봅니다. 이런 퇴행 행동으로 상담실을 찾는 경우가 많습니다. 얼마 전 상담실에서 만난 다섯 살 남자아이가 있습니다. 동생이 태어난 이후 계속해서 젖병에 우유를 달라고 하였습니다. 물론 부모님은 안 된다고 실랑이를 하다가 가끔은 젖병을 주기도 하고, 야단을 치기도 하고, 다른 것으로 관심을 돌리기도 하는 등 여러 가지 방법을 동원하여 이 상황을 해결하려 노력했다고 합니다. 이런 부모님의 노력에 힘입어 아이는 젖병에서 시작하여 기저귀를 해 달라, 엄마 찌찌를 먹겠다, 혼자 화장실을 못 가겠다 등등 점점 퇴행이 심해져 상담실을 찾아오게 된 것입니다. 이처럼 퇴행 행동에 대해 부모가 대처를 잘못하게 되면 퇴행이 다른 일상으로 번져나가 더욱 문제가 됩니다.

이 아이는 정말 젖병에 우유를 먹고 싶은 걸까요? 그보다는 동생이 젖병으로 우유를 먹는 모습이 좋아 보이고 왠지 엄마가 더 사랑해 주는 것 같고 해서 그저 동생처럼 한번 해보고 싶었던 것입니다. 그렇다면 그 욕구를 채워주면 퇴행은 소거되겠지요. 이때 욕구를 채워주는 방법이 중요합니다. 이 경우에는 "젖병으로 우유 먹고 싶구나."라고 감정에 대한 수용을 먼저 합니다. 그리고 "집에서만 젖병으로 우유 먹도록 하자."라고 말해 주고 집에서만 젖병으로 먹게 합니다. 이런 훈육을 반복하게 되면 아이는 '젖병은 집에서만 사용하는 거야.'라고 생각하게 되어 다른 곳에서 엉뚱하게 젖병을 찾아 부모를 당혹스럽게 하지 않는답니다. 또 다른 방법으로는 "아기 놀이 하고 싶구나."라고 상황을 놀이로 전환하는 것도 좋습니다. 젖병은 실제 아기가 쓰는 것이니까 아기가 아닌 첫아이가 쓰기에는 아주 바람직한 것은 아니므로 놀이 상황에서 충분히 아기가 되어 욕구를 충족하도록 하는 것입니다. 놀이 상황에서 젖병으로 우유 먹기가 끝나면 "아, 이제 아기 놀이 끝났구나."라고 부모가 상황을 정리해 줍니다. 이 과정을 통해 아이는 자신의 욕구를 놀이 속에서 충분히 충족하였으므로 일상생활 속의 다른 행동으로 퇴행이 번지지 않게 됩니다. 이러한 과정을 거쳐 부모님의 사랑을 확인한 후 이 아이는 더는 젖병을 찾지 않게 되었고 다른 일상의 퇴행도 서서히 사라지게 되었습니다.

또 다른 방법으로 퇴행에 대처하는 부모님도 있습니다. 아이가 배변을 잘했는데 동생이 생긴 후 계속 옷에 소변을 보게 된 것이지요. 부모님은 너무 놀라고 당황했습니다. 그리고 그 원인이 동생으로 인한 스트레스 때문이라는 것을 알게 되었습니다. 부모님은 아이가 너무나 안쓰럽고, 신경을 많이 못 써준 것 같아 미안한 마음이 들어 과하게 보호하고 애정을 쏟았다고 합니다. 이 아이는 충분한 사랑과 관심을 받아 괜찮아졌을까요? 아닙니다. 자신이 옷에 소변을 보는 퇴행을 보일 때마다 부모님이 과한 애정과 관심을 주었던 것을 이용하여 자신이 원하는 것을 부모님이 해 주지 않을 때마다 계속 옷에 소변을 보는 퇴행 행동을 하였습니다. 부모님의 과한 반응으로 인해 퇴행 행동이 아이에게 무기가 되어 버린 것입니다. 이와 같은 과잉반응보다는 "옷에 실수를 했구나. 축축하겠다. 갈아입고 오렴."이라고 말하여 스스로 자신의 행동에 책임을 지도록 훈육을 하는 것이 더 좋습니다. 그리고 소변을 참지 않고 화장실에 잘 다녀왔을 때 칭찬을 해 주는 것도 아주 중요합니다.

그렇다면 햇살이의 퇴행도 일상으로 번지거나 심해지지 않도록 햇살 엄마가 잘 대처를 해야겠지요. 햇살이의 갑작스런 퇴행에 대해 엄마가 야단을 치고 햇살이가 직접 양치를 하게 할 수도 있고, 엄마가 일방적으로 "오늘만이야."라고 말하며 양치를 해줄 수도 있습니다. 그러나 이런 방법은 햇살이에게 '엄마는 나 이제 안 좋아해.' 혹은 '엄마는 떼쓰면 그냥 해줘. 계속 떼써야지.'라는 생각을 심어주게 되어 퇴행을 더욱더 심하게 만들기 때문에 좋지 않은 방법입니다. 그래서 햇살 엄마는

"오늘은 칫솔을 못 들 만큼 팔에 힘이 없구나.
오늘 아침만 특별히 엄마가 치카치카 도와주는 거야.
오늘 밤부터는 햇살이가 하는 거야."

라고 햇살이의 감정을 읽어 주고 '오늘 아침만'이라고 햇살이와 약속을 하여 햇살이가 스스로 이 행동을 멈출 수 있도록 기회를 주었습니다. 여기서 중요한 것은 '오늘 아침만'이라는 말은 정말 딱 한 번만 사용하여야 한다는 것입니다. '오늘 아침만'이라고 말하며 매번 아이의

요구를 들어준다면 아이는 이를 '내일도 오늘 아침만'이라고 이해하게 되어 스스로 하지 않고 늘 해 달라고 요구를 하게 됩니다.

'오늘 아침만', '집에서만 젖병으로 우유 먹도록 하자.'라고 말하는 것을 '한계설정'이라고 합니다. 한계설정은 아이가 해도 되는 것과 해서는 안 되는 것을 알려주는 것 즉, 아이의 행동 범위를 정해 주는 것입니다. 4세 이하의 아이는 의견을 말하기 어려우므로 부모가 한계설정을 해 주면 되고, 5세 이상부터는 대화가 되므로 가급적 부모와 아이가 함께 한계설정을 정하여야 서로 간의 갈등을 줄일 수 있습니다. 단, 안전과 연결된 한계설정이라면 예외적으로 아이와 의논하지 않고 부모가 정확히 정하여 아이에게 알려주어야 합니다. 이런 한계설정은 하는 것도 중요하지만 더 중요한 것은 꾸준히 지키는 것입니다. 꾸준히 지킨다는 것은 습관이 형성된다는 것이고, 습관이 형성된다는 것은 아이가 자신의 행동을 조절할 수 있다는 것을 의미합니다. 따라서 한계설정을 잘하고 꾸준히 지키게 되면 아이는 생활에 질서가 잡혀 안전하게 자신의 할 일을 잘할 수 있는 아이로 성장하게 된답니다.

동생이 생긴 아이에게 퇴행은 너무나 자연스러운 일입니다. 나이에 맞지 않는 행동이라고 야단치기보다는 아이의 욕구를 잘 살펴 올바르게 충족할 수 있는 방법을 찾고 퇴행 행동이 다른 일상으로 번져 나가지 않도록 한계설정을 해 주어야 합니다. 또한 퇴행 행동이 부모를 마음대로 움직일 수 있는 무기가 되지 않도록 감정은 수용하되 너무 과한 반응은 금지입니다. 아울러 더욱 중요한 것은 동생이 생겨도 여전히 자신은 사랑받는 존재임을 느끼게 해 주는 부모의 따스한 양육과 애정표현이라는 것을 꼭 기억하면 좋겠습니다.

띵동!

양육 꿀팁 도착~

1. 아이가 잘하던 양치를 해 달라고 할 때

1) 부모가 퇴행 행동에 대해 편안한 마음 유지하기

- 퇴행 행동에 대해 부모가 화를 내면 아이는 부모가 자신을 미워한다고 생각함.
- 부모가 과도하게 걱정을 하면 아이는 부모의 걱정을 이용하게 됨.

2) 부모가 아이의 감정을 수용하고 행동에 대한 한계설정하기

- "오늘은 엄마가 해 주면 좋겠구나."라고 마음 알아주기
- '오늘 아침만'이라고 한계를 설정하고 반드시 지켜 반복되지 않도록 하기

2. 첫아이가 동생처럼 젖병에 우유를 달라고 할 때

1) 한계설정 하기

- "젖병으로 우유 먹고 싶구나."라고 마음 읽어주기
- "집에서만 젖병으로 우유 먹을 거야."라고 젖병 사용이 허용되는 범위를 명확히 알리기
- 퇴행의 허용 범위를 명확하게 하여 퇴행이 일상으로 번지지 않도록 하기

2) 놀이 상황에서 욕구 충족하기

- 젖병을 원할 때 "아기 놀이하자."라고 놀이 상황을 설정하고 젖병 주기
- 아기 놀이가 끝나면 "아기 놀이 끝. 이제 다시 돌아왔어."라고 놀이 상황과 현실을 구분하여 놀이 속에서 욕구를 충족시켜주되 현실에서 퇴행을 하지 않도록 돕기

네 번째 이야기

동생에 대한 질투가 시작되다

"요술이는 좋겠다. 엄마랑 같이 앉아 있고."

드디어. 수영장이다. ㅎㅎ

까르르
첨벙
첨벙
신났네. 신났어.

자기야.
응. 여기.

이제 아빠와의 물놀이를 시작할 시간이다.
햇살아. 잠깐만.
응.

햇살아, 엄마는 배가 볼록하고
몸이 무거워서 같이 물놀이를
할 수가 없어. 아침에 말해줬지?
응.
아빠랑 재밌게 놀아.

아빠, 빨리 놀자.
그래. 출동이닷!

까르르
왜 오지?

치, 요술이는 좋겠다. 엄마랑 같이 앉아 있고.

어이가 없다는 말은 이럴 때 쓰라고 생겼나 보다.
햇살이도 엄마랑 같이 있고 싶구나. 그럼 같이 있자. 오늘은 아빠만 수영해야겠네.

아니야. 그건 아니야.
쌩~
훗

햇살이는 이제 마음을 드러내는 본격적인 질투 모드로 들어갔나 봅니다. 생각해 보면 참 웃음이 납니다. 평소처럼 하는 주차도 괜히 동생만 배려하는 것 같고, 물놀이를 하지 않는 엄마도 괜히 동생에게 뺏긴 것만 같은가 봅니다. 첫아이의 마음이 이렇습니다. 괜스레 비교가 되고 괜스레 손해를 보는 것 같고. 이는 동생이 생긴 후 조금씩 달라지는 자신의 일상의 원인을 동생과 연관시키면서 그동안의 독점적이었던 엄마 아빠의 사랑과 관심을 동생에게 빼앗길까 봐 염려하는 것입니다. 즉, 자신의 위상과 서열이 무너질 것 같은 위기의식 때문입니다. 동생이 태어나도 엄마 아빠 사랑의 서열 1위를 지킬 수 있다는 확신을 가지게 되면 질투란 없어지기 마련입니다. 더불어 동생에 대한 배려와 사랑의 행동도 할 수 있게 됩니다. 때문에 동생이 생겨도 첫아이의 일상에 특별한 변화가 없다면 동생에 대한 질투 따위는 걱정하지 않아도 됩니다. 그러나 새 가족이 오는데 결코 일상이 달라지지 않을 수는 없겠지요. 생활에 변화가 생기면 정확히 설명을 해 주어 첫아이가 변화된 상황을 이해할 수 있도록 도와주는 부모의 지혜가 필요합니다.

햇살이처럼 엄마랑 아빠랑 늘 같이하던 물놀이를 아빠랑만 같이 해야 하는 상황이라면 햇살이는 어떤 마음이 들까요? '나랑은 이제 물놀이도 하기 싫은가 봐.' 혹은 '동생 때문에 난 엄마 아빠랑 물놀이도 못 하고 짜증 나.'라고 생각할 것입니다. 그래서 햇살이가 오해하지 않고 이 상황을 잘 이해할 수 있도록 설명이 필요합니다. 햇살 엄마는 햇살이에게

"엄마는 배가 불룩하고 몸이 무거워서
같이 물놀이를 할 수가 없어."

라고 상황에 대해 설명해 주었습니다. 물론 물놀이가 급한 햇살이는 듣는 둥 마는 둥 했지만요. 이런 상황에서 부모가 하는 흔한 실수가 있습니다. "오늘은 엄마랑 물놀이 못 하니까 아빠랑만 해."라고 일방적으로 통보하기, "배 속에 있는 동생 때문에 조심해야 해. 아빠랑 놀아."라고 동생만 위하는 듯한 말하기 등입니다. 이런 말을 들었을 때 첫아이는 '아이 짜증 나. 동생 때문에 이게 뭐야. 벌써부터 나 방해해.', '엄마는 동생만 좋아하는구나.'라는 생각을 하게 됩니다. 자연스럽게 첫아이와 동생은 점점 멀어지게 되겠지요. 그래서 꼭 미리 평소와 다른 상황에 대해 이유를 포함하여 설명하는 과정이 필요합니다. 설명을 할 때도 동생을 위하는 듯한 동생 중심이 아니라 엄마 몸 상태를 중심으로 설명해야 합니다. 왜냐하면 아이는 동생과 놀지 못하는 것이 아니라 엄마와 놀지 못하는 것이므로 제3자인 동생은 데려올 필요가 없기 때문입니다.

이제 이유를 포함하여 상황을 설명하였으니 끝일까요? 아닙니다. 달라진 이 상황에서 어떻게 해야 하는지도 알려주어야 합니다. 이때 부모가 하는 흔한 실수가 또 있습니다. 바로 "네가 이해해."라고 지시적으로 이해를 요구하는 것입니다. 만약 이해를 요구한다면 앞선 부모의 설명과 배려는 모두 공기 중으로 펑하고 날아가 버리고 아이에게는 '동생을 위해서 나보고 이해하래. 내가 왜? 흥.'이라고 생각하게 될 수도 있으니 절대로 하지 않아야 합니다. 그래서 햇살 엄마는 햇살이에게

"아빠랑 재밌게 놀아."

라고 햇살이가 해야 하는 것을 간단히 말해 주었습니다. 햇살 엄마는 수영장에 와서 상황을 설명하고 아빠랑 같이 놀라고 말했지만 사실은 집에서 출발하기 전부터 이에 대한 준비를 미리 했답니다. "아침에 말해줬지?"라는 말에서 이미 눈치챘을 것입니다. 수영장에 오면 이미 엄마 아빠랑 같이 놀고 싶은 마음이 있어 아빠랑 놀라는 말에 바로 햇살이는 떼를 쓰고 울었을지도 모릅니다. 이런 상황이 충분히 예상된다면 출발하기 전에 예고를 해 주는 것이 좋습니다. 햇살 엄마는 물놀이를 같이 할 수 없다는 것을 알리고 난 후 햇살이에게 "오늘은 아빠랑만 물놀이 해도 괜찮겠니?"라고 동의를 구하는 과정을 거쳤답니다. 햇살이가 이에 동의하여 수영장에 오게 되었습니다. 그런데 모든 아이가 이렇게 쉽게 동의를 하는 것은 절대로 아닙니다. 만약 동의하지 않는다면 다른 방법을 찾아야 합니다. "그럼 엄마 아빠랑 같이 놀 수 있는 다른 방법을 찾아보자."라고 말이지요. 다른 방법으로는 엄마가 유아풀에서 발만 담근 채로 햇살이와 물놀이를 함께 할 수도 있고, 아니면 아예 수영장이 아닌 다른 곳으로 나들이를 갈 수도 있습니다. 서로 합의하에 좋은 방법을 찾은 후 그 방법대로 한다면 아이도 마음의 준비

를 하고 그에 잘 응할 수 있답니다.

이런 긴 과정을 거쳐 수영장에 온 햇살이지만 아빠랑 물놀이를 하다 말고 엄마에게 달려와 엄마랑 같이 있는 요술이에게 좋겠다며 질투를 뿜었습니다. 황당한 일이지요. 이럴 때 대개는 "아니, 물놀이를 하는 게 좋지. 앉아 있는 게 뭐가 좋아?"라고 한다거나 "그렇게 설명해 줘도 이러는 거야?"라고 하게 되면 서로 기분만 상하게 되고 그동안의 아이를 위한 부모의 노력이 헛수고가 되기 일쑤입니다. 그러지 않기 위해 햇살 엄마는 햇살이에게

"햇살이도 엄마랑 같이 있고 싶구나."
그럼 같이 있자."

라고 감정을 먼저 읽어주고 햇살이에게 "엄마랑 같이 있고 싶으면 그래도 돼."라는 메시지를 전달하며 스스로 자신의 행동을 선택하도록 기회를 주었습니다. 그 결과 햇살이는 아빠와의 물놀이를 선택하고는 쌩하고 아빠에게로 가 버렸습니다. 이처럼 아이의 감정을 읽어주고 마음을 받아준 후 아이가 자신의 행동을 스스로 선택할 수 있도록 기회를 주면 의외로 문제가 간단히 해결된답니다. 그리고 기꺼이 변화된 일상에 '적응'으로 화답하는 아이에게는 반드시 칭찬의 말과 함께 고마움을 전하는 것을 아끼지 않아야겠습니다.

띵동!

양육 꿀팁 도착~

1. 동생으로 인해 달라지는 일상

1) 동생으로 인해 달라지는 일상에 대해 첫아이에게 알리기

- 동생 중심이 아니라 엄마의 몸 상태와 상황 중심으로 설명하기
- 첫아이도 아직 어리므로 이해하라고 강요하지 않기

2) 아이의 감정에 집중하기

- 아이가 상황을 이해하더라도 속상함과 같은 부정적인 감정은 남아 있음.
- 감정에 대해서는 반드시 수용하고 배려하기

3) 대안 찾기

- '하던 것을 못하는 것'이 아니라 '다르게 하는 것'임을 알게 하기
- 아이와 부모가 함께 대안 찾기

"난 이제 쓸모 없는 아이구나."

난 이제 쓸모없는 아이구나.
쾅!

아니야. 엄마 아빠는
햇살이를 사랑합니다.
흥.

그럼 나도 안아해줘.

그 날 밤.
햇살아. 엄마가 보여주고 싶은게 있어. 이리와 봐.
뭔데?

햇살이의 육아일기를 공개하기로 했다.
햇살이의 육아일기.
짜자자잔—

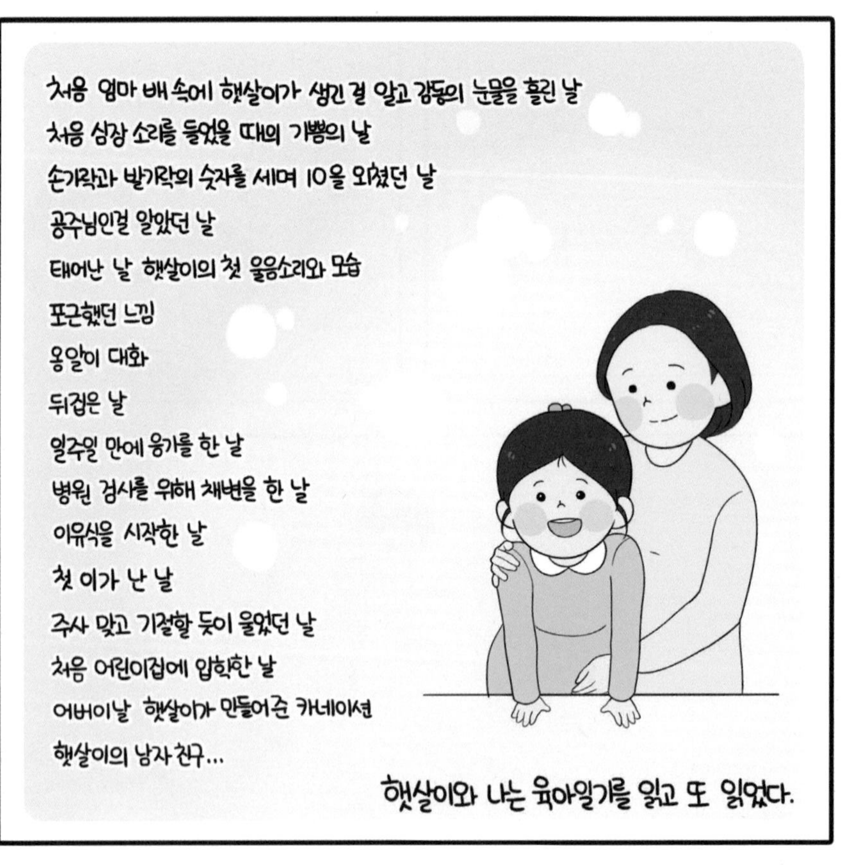
처음 엄마 배 속에 햇살이가 생긴 걸 알고 감동의 눈물을 흘린 날
처음 심장 소리를 들었을 때의 기쁨의 날
손가락과 발가락의 숫자를 세며 10을 외쳤던 날
공주님인걸 알았던 날
태어난 날 햇살이의 첫 울음소리와 모습
포근했던 느낌
옹알이 대화
뒤집은 날
일주일 만에 응가를 한 날
병원 검사를 위해 채변을 한 날
이유식을 시작한 날
첫 이가 난 날
주사 맞고 기절할 듯이 울었던 날
처음 어린이집에 입학한 날
어버이날 햇살이가 만들어준 카네이션
햇살이의 남자 친구…
햇살이와 나는 육아일기를 읽고 또 읽었다.

내가 정말 이랬어? 까르르르
그럼. 그랬지.

그럼 요술이 것도 있어?
햇살이의
있지.

요술이거는 나도 쓸래.
내가 요술이 자라는 거 다 보잖아.
그래. 그러자.
햇살이는 엄마의 첫사랑 아기야.

처음에는 말끝마다 “요술이 좋겠네.”라는 말을 달고 살더니 이제는 급기야 “난 이제 쓸모없는 아이구나.”라는 말까지. 날이 갈수록 엄마 배가 불러올수록 햇살이의 질투도 커져만 가고 있습니다. 자연스러운 과정이지만 순간 당황스럽고 놀라는 엄마 아빠는 어쩔 수 없나 봅니다. 첫아이의 마음이 상하지 않도록 부모의 지혜가 필요한 시기입니다.

첫아이가 느끼는 소외감에 대해 “아니야, 널 사랑해.”라는 말보다는 사랑한다는 것을 믿을 수 있고 느낄 수 있게 하는 행동 증거를 보여주어야 합니다. 아이는 성인처럼 사고나 언어가 발달하지는 않았지만 보다 감각적인 예민함을 가지고 있어 말보다는 행동과 스킨십과 같은 비언어적인 메시지가 더욱 효과적으로 전달되기 때문입니다.

"햇살이는 엄마의 첫사랑 아기야."

라는 말과 함께라면 더욱 좋겠지요. 자신의 존재감이 확고해지면 질투보다는 엄마 아빠가 자신에게 주었던 사랑을 동생에게 자연스럽게 나누어 주게 됩니다. 이게 바로 ‘처음’을 누렸던 아이의 큰마음입니다.

엄마 아빠가 여전히 햇살이를 많이 사랑한다는 증거를 보여주기 위해 햇살 엄마가 선택한 것은 바로 ‘햇살이의 육아일기 공개’였습니다. 육아일기에는 한 아이의 생활에 대한 기록이 모두 들어있지요. 햇살이의 육아일기도 그렇습니다. 아이 자신이 모르는 자신의 일상을 부모가 잘 관찰하고, 작은 움직임과 사건들을 보며 얼마나 행복했었는지, 얼마나 사랑하는지에 대한 기록이 가득한 육아일기는 사랑의 증거를 보여 주기에 더할 나위 없이 좋은 도구인 듯합니다. 또한 부모가 자신을 어떻게 돌보았는지에 대해 알게 되면서 자연스럽게 동생을 대하는 방법도 익히게 된답니다.

이런 육아 일기 공개 시 부모가 절대로 해서는 안 되는 흔한 실수가 있습니다. 바로 "엄마 아빠가 널 이렇게 사랑하며 키웠어. 그러니 너도 동생에게 그렇게 해야 해. 알았지?"와 같이 첫아이의 역할과 의무를 가르치거나 강조하는 말들입니다. 이는 다 지은 밥에 코를 빠뜨리는 격입니다. 왜냐하면 육아일기를 공개하는 것은 자신이 얼마나 사랑을 많이 받은 존재인지를 알려주기 위함인데 만약 이와 같은 실수를 하게 되면 '나더러 동생을 돌보라고? 너무해. 동생 때문에 사랑을 빼앗겼어. 역시 엄마 아빠는 동생만 사랑해. 미워.'라고 느끼고 생각하게 만들어 동생에 대한 질투나 반감이 더욱 커지기 때문입니다. 첫아이에게 동생에 대한 의무를 일방적으로 알려주기보다는 자신이 받은 사랑을 스스로 느끼고 동생에게 베풀 수 있도록 해 주는 것이 좋겠습니다.

햇살이는 자신의 육아 일기를 보면서 요술이의 육아 일기에 대해 궁금증이 생겼습니다. 그리고 엄마 아빠가 자신의 성장 과정을 지켜보고 기록했던 것과 같이 자신도 요술이의 성장 과정에 대해 쓰겠다는 알찬 다짐을 하게 되었습니다. 이렇게 부모로부터 사랑을 받았다고 느끼는 순간 첫아이의 관심이 자연스럽게 동생을 향하게 된답니다. 그러나 첫아이에게 너무 기대는 하지 않도록 하겠습니다. 아직 어리고 언제 또다시 질투를 하게 될지 모르니까요. 그 순간의 동생에 대한 관심과 사랑에 대해서만 인정해 주기로 하겠습니다. 순간의 관심과 사랑일지라도 계속 쌓이게 되면 언젠가 정말로 좋은 관계가 되리라 생각합니다.

띵동!

양육 꿀팁 도착~

1. 육아일기

1) 육아일기는 사랑의 증거

- 육아일기를 통해 아이는 자신이 기억할 수 없는 자신의 어린 시절에 대해 알게 됨.
- 아이는 부모로부터 자신이 사랑받는 존재임을 알게 됨.

2) 아이에게 육아일기 읽어 주기

- 다정한 목소리로 읽어 주기
- 사랑받은 만큼 동생에게 돌려주라는 의무 부여 절대 금지

3) 사랑 표현은 말과 행동으로 하기

- 아이가 어릴수록 말에 들어 있는 부모의 사랑의 깊이를 헤아리기 어려움.
- 사랑한다는 말과 함께 따뜻한 스킨십하기

다섯 번째 이야기

동생이 궁금하고 신기해

"요술이 보여. 너무 신기해."

오늘은 산부인과 정기검진일이다.
햇살아, 오늘은 요술이 보러 가는 날이야.
요술이를 본다고? 어떻게 봐?

엄마 배에 초음파 기계를 대면 요술이가 보여. 심장 소리도 들을 수 있어.
정말? 나 빨리 보고 싶어.

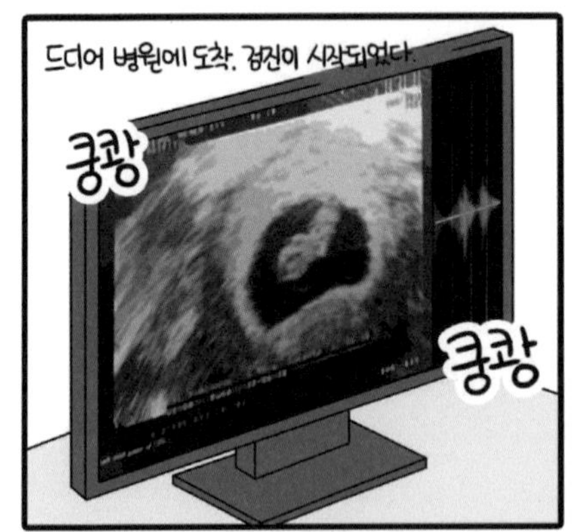

드디어 병원에 도착. 검진이 시작되었다.
쿵쾅
쿵쾅

요술이 보여. 완전 작아. 움직여. 너무 신기해.

요술이 잘 놀고 있네. 사랑해.
아빠도 봤지요.
오늘은 언니도 요술이 봤지롱~

나도 엄청 작았어?
그럼. 지난번에 초음파 사진 봤지?
응. 나 오늘 또 보여줘.
그러자.

하하하
까르르
햇살이는 집에 도착하자마자 자신의 초음파 사진을 보며
재잘재잘 쉴 새 없이 이야기를 쏟아냈다.

오늘은 햇살이와 엄마 아빠가 산부인과로 나들이를 갔습니다. 요술이를 보기 위해서지요. 그런데 보통은 산부인과 정기검진을 가게 되면 부모만 가게 되는 경우가 대부분입니다. 괜히 첫아이를 데리고 가서 번거로운 일이 생길까 봐 염려되기 때문입니다. 하지만 햇살 엄마 아빠는 햇살이와 함께 가기로 했습니다. 햇살이에게 동생이 자라는 과정을 보여주며 서로에게 친숙해지길 바라는 햇살 엄마의 다부진 의지의 표현이었습니다. 배 속에 동생이 있으니 조심해야 한다고 가르치기보다는 실제로 아이가 동생을 느껴보고 적응하는 과정을 통해 스스로 조심하고, 출산 후 진짜로 동생을 만날 때 조금 더 친숙하고 반갑지 않을까 하는 생각을 해 봅니다.

산부인과 정기검진에 첫아이를 데리고 갈 때는 언제 가는지 달력에 표시해 두고 미리 알려주는 것이 좋습니다. 오랜만에 친구들과 모임을 가지거나 중요한 시험이 있을 때 우리는 일정을 스케줄표에 기록해 두고 기다리게 됩니다. 또한 그에 대해 필요한 준비를 하기도 합니다. 이와 동일하게 첫아이도 동생을 만나는 날을 기다리고 마음의 준비를 하게 하는 것이지요. 만약 첫아이가 아무것도 모르고 가서 동생을 만나게 되면 너무 갑작스러운 만남에 어리둥절할지도 모릅니다.

처음 동생이 생긴 걸 알았던 날은 초음파 사진으로만 동생의 존재를 보았는데 오늘은 조금 더 자란 동생의 실체를 움직이는 화면을 통해 확인하는 순간 햇살이는 정말로 동생의 존재, 생명이라는 것을 느겼을 것 같습니다. 여기서 흔히 하는 부모의 실수는 "동생 보이지? 진짜 작지? 엄마 배 조심해야겠지?"라고 동생의 실체를 확인시켜 주면서 첫아이에게 조심을 시키는 일입니다. 당연히 조심해야겠지만 굳이 이런 상황에서 주입식으로 첫아이에게 강요할 필요는 없겠습니다.

햇살 엄마는 동생과 조금이라도 더 친해지길 바라며 병원에 햇살이를 데리고 갔는데 햇살이 반응은 엄마의 마음과는 많이 달랐습니다. 아주 잠깐 동생이 신기하다고 감탄을 했을 뿐 관심은 온통 자신의 태아기에 있었습니다. 그래서 집으로 돌아온 햇살이와 엄마 아빠는 여러 번 보았지만 또 다시 햇살이의 태아기 초음파 사진을 보기 시작했습니다. 초음파 사진을 보여주며 햇살이의 태아기 시절에 대해 이야기를 해 주는 것은 육아일기를 읽어주는 것과 같습니다. 자신이 얼마나 사랑을 받으며 자란 소중한 존재인지 그리고 어떤 과정을 거치며 태어났는지를 알려주는 것이지요. 초음파 사진을 보여줄 때 자신을 위해 부모가 조심하고 노력하며 겪은 일상의 변화를 함께 이야기해 준다면 첫아이도 엄마 배 속의 동생을 위해 무엇을 해야 하는지를 자연스럽게 알게 된답니다. 물론 아는 것과 실천하는 것은 다릅니다. 첫아이도 아직 어린아이라는 것을 마음에 새기고 너무 큰 기대는 하지 않도록 부모가 기대치를 낮추는 것이 현명하다는 생각이 듭니다. 가랑비에 옷이 젖듯 생활 속에서 조금씩 동생을 받아들일 수 있도록 시간을 주면 좋겠습니다.

띵동!

양육 꿀팁 도착~

1. 산부인과 정기 검진은 동생 만나러 가는 날

1) 정기 검진 때 첫아이와 동행하기

- 정기 검진은 동생을 만나는 날이라고 첫아이에게 알려주기
- 달력에 동그라미로 표시해 두어 첫아이가 알고 마음의 준비를 하도록 배려하기

2) 첫아이에 대한 사랑 표현하기

- 초음파를 통해 보는 동생에게만 부모의 관심이 쏠리면 첫아이가 질투함.
- 첫아이에게도 사랑 표현하기
- 서로 간의 비교는 금지
- 비교는 서로의 경쟁을 부추기게 됨.

“나는 여자인데 왜 요술이는 남자지?”

그런데 만약에 요술이가
남자 아기면 어쩌지?

할 수 없지. 내가 가르쳐야지.
가르친다니 다행이다.

드디어 진료실.
내 동생 여자예요? 남자예요?
왕자님이네요.

하아..
괜찮아.
내가 가르칠게.
가르칠게 많겠어.

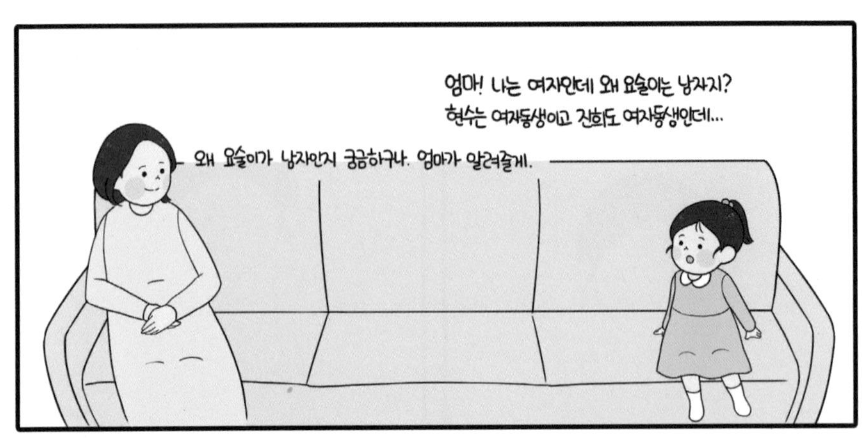
엄마! 나는 여자인데 왜 요술이는 남자지?
현수는 여자동생이고 진희도 여자동생인데…
왜 요술이가 남자인지 궁금하구나. 엄마가 알려줄게.

아빠 몸속에 있는 아기씨 정자 말지?
응. 꼬리 있어. 나는 1등 한 정자였어.
그래, 맞아. 엄마 뱃속에 있는 요술이도 햇살이처럼 1등 한 아빠 정자랑 엄마 난자랑 만나서 아기가 됐어.
맞아. 맞아.
정자와 난자에는 여자 아이가 될 수도 있고 남자 아기가 될 수도 있는 성염색체라는게 있어. 좀 어렵지?
정말? 여자 아기가 될 수도 있고 남자 아기가 될 수도 있다고?
응. 정자의 성염색체에는 X와Y가 있고 난자의 성염색체에는 X와X가 있는데 햇살이는 정자의 성염색체 X와 난자의 성염색체 X가 만나서 여자가 된거야.
그럼 요술이는?
요술이는 정자의 성염색체 Y와 난자의 성염색체X가 만나서 남자가 된거지.
응. 그럼 나는 XX, 요술이는 XY.
햇살이는 아빠에게로 가서 요술이랑 아빠는 XY, 자기는 XX 라며 한참을 설명했다.

요술이가 남자라는 것을 알게 되면서 햇살이는 남자와 여자가 생기는 이유에 대해 궁금해하기 시작하였습니다. 그저 남동생이 싫다고만 할 줄 알았는데 요런 재미난 호기심이 생겼네요. 햇살 엄마는 햇살이의 궁금증에 성염색체에 대한 설명으로 화답을 하였습니다. 참 어려운 이야기일 수도 있지만 최대한 쉽게 이야기하려 노력하였습니다. 다행히 햇살이는 이해를 한 건지 아니면 그냥 그런가보다 한 건지는 모르겠으나 일단 궁금증이 해결되어 시원해 보이긴 합니다.

첫아이에게 동생의 존재는 살아있는 성교육의 보고입니다. 아기가 생기고 태어나는 과정과 태어난 후 함께 성장하면서 서로의 같은 모습과 다른 모습을 비교하며 자연스럽게 성에 대한 지식을 쌓아가게 됩니다. 햇살이도 요술이가 자신과 다른 남자라는 사실에 성염색체라는 것을 알게 되었습니다. 이처럼 아이가 성에 대한 질문을 하는 그 순간이 바로 가장 좋은 성교육 시간입니다. 그런데 이런 순간 흔한 부모의 실수가 있습니다. "아, 몰라도 돼."라고 대충 얼버무리고 설명을 해주지 않거나 혹은 "아빠한테 가서 물어봐."라고 엄마에게 물어봤는데 엄마는 모르겠다며 괜히 아빠에게 숙제를 넘기기도 하는 것이지요. 왜일까요? 성교육은 어렵고 말하기 민망하다고 생각하기 때문입니다. 하지만 성은 원래 나쁘거나 민망한 것이 아닙니다. 다만 왜곡된 성에 대한 이야기를 우리가 너무 흔하게 접하고 있어 성에 대한 부정적인 생각을 하게 되고 말하기 불편한 것이 되어버렸을 뿐입니다. 하지만 아이는 아직 성에 대한 왜곡된 생각을 가지고 있지 않기 때문에 정말

순수하게 궁금증을 가지고 질문하게 됩니다. 그리고 아이가 질문을 할 때는 조금은 알지만 뭔가가 명확하지 않고 이해가 되지 않을 때이므로 이 순간 답을 찾는다면 그 답은 절대로 잊지 않을 것입니다. 따라서 질문에 대한 답을 잘해 주어야겠지요. 그러나 부모라도 모든 것을 다 알고 다 설명해 줄 수는 없습니다. 아이의 질문에 대한 답을 모르거나, 알기는 하지만 아이의 눈높이에 맞추어 설명을 어떻게 해야 할지 모를 때에는 아이와 함께 책을 통해 답을 찾는 것도 좋겠습니다.

오늘은 햇살이가 비교적 간단한 질문을 했지만 앞으로는 더 심오하고 구체적인 성에 대한 호기심과 질문들을 쏟아 낼 것입니다. 평소 상상할 수조차 없었던 질문들에 대해 어떻게 대처를 할 것인지, 성을 이상하거나 부끄러운 것으로 생각하지 않도록 하려면 어떻게 가르쳐 주어야 할 것인지에 대해 미리 준비해 두어야겠습니다.

한 걸음 더 들어가 유아 성교육에 대해 알아보겠습니다. 인류의 유지와 계승은 남녀의 서로 다른 성이 존재하지 않았다면 이루어질 수 없었습니다. 건강한 성은 사랑의 확인이고 생명의 시작입니다. 때문에 어릴 때부터 올바른 성교육을 받는다는 것은 인간에 대한 기본적인 배려와 사랑과 책임을 배우는 과정이라고 할 수 있습니다. 이렇게 중요한 성에 대한 교육이 자꾸만 어려워지고 아이가 쏟아내는 질문에 대해 부모가 머뭇거리는 사이 아이는 '아! 성에 관한 질문은 잘못된 거구나. 이상한 거구나.'라는 생각을 하게 되어 점점 음성적으로 지식을 쌓아가게 됩니다. 특히 인터넷이 발달한 대한민국에서는 정보를 아주 쉽게 접할 수 있지요. 그런데 이런 인터넷을 통해 알게 되는 성에 관한 정보는 왜곡되고 과장된 것들이 많아 올바르지 못한 성의식을 발달시킬 수 있어 매우 위험합니다.

햇살이와 같은 유아기 아이의 성교육에 담겨야 하는 내용은 남녀의 차이, 사람에 대한 예절, 올바른 스킨십입니다. 첫 번째 남녀의 차이에 대한 교육에서는 성염색체라는 것으로 인해 남녀로 성별이 구분되고 그에 따라 몸이 다르다는 것을 알려 주는 것입니다. 요즘은 성교육도 중요하지만 성평등 교육도 중요하게 다루어지고 있지요. 성평등의 기초 교육은 유아기 시절 처음으로 남녀의 몸이 다르다는 것을 배울 때 다름이 우열을 의미하는 것이 아님을 아는 것에서 시작됨을 꼭 기억해야 합니다. 이런 남녀의 몸의 차이를 자연스럽게 가르치기 위해 유아교육 기관에서는 남녀의 화장실을 구분하기보다는 같은 공간에 마련해 두는 것을 볼 수 있습니다. 서로의 몸이 다르니 자연스럽게 변기의 모양과 사용하는 방법이 다르다는 것을 알게 되지요. 또한 몸은 자신만의 것이고 소중한 것이므로 다른 사람이 함부로 봐서도 만져서도 안 된다는 것을 익히게 되는데 이것이 바로 두 번째 성교육의 내용, 사람에 대한 예절입니다. 유아기에 배우는 기초적인 예절만 잘 익혀두어도 지금과 같이 성에 관한 문제가 많아지지는 않았을 텐데라는 생각이 듭니다. 그렇다고 해서 누구하고도 스킨십을 하면 안 된다고 하는 건 절대 아니지요. 성교육은 성을 제대로 누릴 수 있도록 가르치는 게 중요합니다. 그래서 세 번째는 올바른 스킨십에 대해 알려주는 것이 중요합니다. "나는 엄마 아빠랑 안을 수 있어. 엄마가 뺨에 뽀뽀해 주면 얼마나 좋다고. 그런데 옆집 이모가 날 갑자기 안고 뽀뽀하면 싫어.", "난 친구와 손잡고 걸어갈 수 있어."라고 스킨십을 할 수 있는 대상과 스킨십의 정도에 대해 알게 하는 것이 중요합니다. 유아기에는 가정을 벗어나 외부인들과 접하게 되는 기회가 많은데 이런 순간 생각하기도 싫지만 유아 성폭력이 많이 발생하고 있는 것이 현실입니다. 특히나 가해자의 잘못된 스킨십에 대해 아이가 문제인 줄 모르고 있거나, 이상함을 알았으나 대처를 하지 못하여 상황이 심각해지는 경우가 정말 많습니다. 따라서 좋은 스킨십과 나쁜 스킨십에 대해서 아이가 정확히 아는 것이 아이 스스로 자신을 지킬 수 있는 방법입니다. 또한 나쁜 스킨십으로 인해 불편을 느끼게 되면 즉시 부모에게 말하여 도움을 요청해야 한다는 것도 함께 알려주어야 합니다.

양육 꿀팁 도착~

1. 성교육

- 성교육은 인간에 대한 기본적인 예절교육
- 인간에 대한 배려, 사랑, 책임에 대한 교육임.
- 성에 대해 조금은 알지만 정확히 모를 때 질문이 생김.
- 아이가 질문을 하는 순간이 가장 좋은 성교육 시기
- 부모가 답을 모른다면 아이와 함께 찾아보기

2. 유아기의 성교육 내용

- 나의 신체에 대해 인지하기
- 남녀의 신체적 차이 인지하기
- 신체적 다름이 우열을 의미하는 것이 아님을 알리기
- 내 몸은 나의 것이므로 다른 사람이 나를 함부로 만지면 안 됨을 알려주기
- 친구의 몸은 친구의 것이므로 절대로 만지면 안 됨을 알려주기
- 누군가 자신의 몸을 만지면 부모에게 바로 알리도록 지도하기
- 좋은 스킨십과 나쁜 스킨십 알려주기

"난 장미꽃에서 태어난 아기지."

요술이 태몽이네. 하하
신기하다.
연꽃 아기야. 아직도
안았을 때 느낌이 남아 있어.

엄마, 나도 태몽 있지?
난 장미꽃에서 태어난 아기지.
그럼. 햇살이는 장미꽃에서 태어났지.
얼마나 향기롭고 예쁘다고.
질투가 묻어나던 햇살이 얼굴에 다시 행복이 피어났다.

드디어 햇살 엄마가 요술이 태몽을 꾸었습니다. 밝고 환한 햇살이 바다에 부서지는 예쁜 날씨에 연꽃 속에서 아기를 만났습니다. 꿈속에서의 느낌이 생생히 남아 있는 걸 보니 태몽을 제대로 꾸었나 봅니다. 첫아이 햇살이 태몽도 신기했지만 동생 요술이 태몽도 참 신기하기만 합니다.

'태몽 이야기' 바로 두 번째 탄생신화입니다. 아기가 올 때 가족이 꾸는 예지몽이 '태몽'입니다. 따라서 태몽은 아이에게 자신이 얼마나 신비롭고 귀한 존재인지를 알려주는 좋은 방법 중 하나입니다. 햇살 엄마는 햇살이를 재울 때마다 소곤소곤 태명 이야기와 태몽 이야기를 들려주었습니다. 자신이 어떤 사랑과 축복 속에서 태어나 자라고 있는 존재인지 시나브로 알게 되어 자존감이 높은 햇살이로 자라길 바라면서요. 누구나 어릴 적 자신의 태몽을 들어본 기억이 있을 것입니다. 오래된 꿈 이야기를 풀어놓는 엄마 아빠는 어쩜 그렇게도 생생하게 기억을 하고 있는지 참 신기하다고 생각하게 됩니다. 그만큼 중요한 꿈이라 그런 것이겠지요. 태몽은 꿈에 대한 이야기이므로 환상적인 느낌으로 맛, 냄새, 색깔 등을 통해 느껴지는 감각들을 세세하게 묘사하며 들려주는 것이 좋습니다. 아이가 마치 그 상황 속에 있는 것처럼요. 그리고 이야기에 재미를 더하기 위해서는 말의 강약조절과 속도의 빠름과 느림과 같은 변화도 좋습니다. 처음에는 평온하게 시작하여 중간에서는 약간의 긴장을 유발한 후 신기하고 행복한 느낌으로 마무리를 합니다. 이야기를 듣는 동안 아이는 자신이 한 편의 동화 속

주인공이 되어 상상의 나래를 펼치며 마음이 가득 차는 벅참을 느낄 수 있게 됩니다.

그런데 태몽을 안 꾸었다면 어떻게 하면 좋을까요? 태몽이 없다고 말하면 아이가 너무나 실망을 할 텐데요. 예전에 텔레비전에 유명한 강사가 나와서 자신의 태몽 이야기를 하는 것을 본 적이 있습니다. 그 강사가 말하기를 '엄마가 백마를 타고 6차선 도로를 달리는 꿈을 꾸고 자신을 낳았다'는 것입니다. 그런데 하루는 어머님이 친구분과 통화를 하면서 "딸 넷을 임신할 때마다 복숭아 따는 꿈만 꿨어. 그래서 큰 사람 되겠어…."라고 말씀하시는 걸 들었다고 합니다. 그때서야 '그 옛날에 6차선 도로가 있었을까? 엄마 시대에는 보지도 못했을 텐데.'라고 생각했던 자신의 궁금증이 해결되면서 자신의 태몽이 어머님이 지어낸 이야기라는 것을 알게 되었다고 합니다. 또한 자신에 대한 어머님의 기대와 사랑을 다시 한번 느꼈다고 합니다. 강사의 어머님도 참 대단하시지요. 이미 알고 계셨던 것입니다. 태몽은 아이 자존감의 바탕이 되고 미래에 대한 희망을 품게 한다는 것을요. 복숭아 꿈이 안 좋다기보다는 딸 넷의 꿈이 모두 같으니 다른 꿈을 꿔보고 싶었을 마음과 자신보다는 좀 더 멋진 삶을 살길 바라는 어머님의 뜨거운 마음이 느껴졌습니다. 만약 삼신할머니가 주신 태몽이 없다면 엄마 아빠가 주는 태몽도 좋을 것 같습니다. 단, 태몽의 감독과 연출이 모두 부모라는 건 절대로 비밀이어야 할 것 같습니다.

태몽의 내용도 중요하지만 아이에게 전달하는 순간이 정말 중요합니다. 아이에게 전달이 잘 돼야 태몽도 의미가 있는 것이니까요. 혹시 아이를 잘 재우기 위해서는 '잠자리 신호'가 중요하다는 말 들어보았나요? 잠자리 신호란 잠이 드는 시간과 장소, 순서를 일정하게 해 주는 것으로 잠을 자는 환경을 만들어 잠이 오도록 유도하는 것을 말합니다. 태명과 태몽과 같은 탄생신화는 더없이 좋은 잠자리 신호입니다. 잠을 자기 위해 불을 끄고 누운 상황에서 탄생신화를 늘 들려주게 되면 탄생신화가 잠자리 신호가 되어 아이는 스르륵 잠이 들게 된답니다. 할머니가 등을 토닥이며 옛이야기를 들려주거나 부모가 조용히 자장가를 들려주는 것도 같은 맥락입니다. 아이를 돌보느라 하루가 정말 고단하겠지만, 어쩌면 아이보다 부모가 먼저 지쳐 잠들 수도 있겠지만 조금만 힘을 내어 귓가에 소곤소곤 두 번째 탄생신화 '태몽 이야기' 들려주는 것 잊지 않았으면 좋겠습니다.

요술이의 태몽을 꾸고 그 신기함과 행복감을 나누는 자리에서 햇살이는 살짝 질투가 났습니다. 이야기의 주인공이 계속 요술이라 당연한 일이겠지요. 다행히 햇살이는 이런 자신의 감정의 변화를 그냥 넘어가는 일이 없습니다. 햇살 엄마는 햇살이의 마음을 알고

"햇살이는 장미꽃에서 태어났지.
얼마나 향기롭고 예쁘다고."

라고 햇살이의 태몽에 대해서도 살짝 말해 주면서 행복하게 이야기가 마무리되었습니다. 그런데 이런 상황에서 햇살이의 행동을 바라보는 엄마 아빠의 시선에 따라 햇살이의 행동은 다르게 받아 들여집니다. 햇살이의 행동을 조금 다르게 생각하면 햇살이가 엄마 아빠 이야기 도중에 불쑥 끼어든다고 생각되기도 합니다. 이럴 때 부모는 아이를 무시하고 이야기를 하거나 이것도 질투하냐며 핀잔을 줄 수도 있습니다. 이러면 아이는 무안해지고 속이 상하겠지요.

한 걸음 더 들어가 부모의 이야기에 아이가 불쑥 끼어드는 상황에 대해 알아보겠습니다. 아이가 왜 이런 행동을 하는지 먼저 알아야 합니다. 아이는 부모에게 관심이 많습니다. 자신에게 중요한 사람이니까요. 그리고 혼자 놀기보다는 누군가와 어울리기를 좋아하는 존재입니다. 때문에 부모가 어떤 이야기를 하면 호기심이 생기게 마련입니다. 그래서 그 순간 자신이 하고 싶은 말이나 궁금한 점에 대해 이야기를 하게 되는데 부모의 의식의 흐름과는 맞지 않아 '불쑥 끼어들기'가 되는 것이랍니다. 처음부터 아이와 함께할 이야기가 아니라면 아이가 들을 수 없는 공간에서 하는 게 바람직합니다. 그리고 아이에게 이야기를 해줄 수는 있지만 지금은 부모가 대화 중이라 이야기를 해줄 수 없는 상황이라면 "조금 이따 이야기해 줄게. 지금은 놀고 있어."라고 말해 주면 된답니다.

띵동!

양육 꿀팁 도착~

1. 두 번째 탄생신화 '태몽 이야기'

- 잠들기 전 충분히 편안하고 따뜻한 분위기에서 들려주기
- 너무 큰 목소리로 들려주면 아이의 잠이 달아날 수 있으니 속삭이듯 말해 주기
- 꿈이야기이므로 조금은 환상적인 동화를 들려주듯 이야기하기
- 아기가 오는 것을 알았을 때의 부모의 설렘과 행복함을 가득 담아 이야기해 주기

2. 아이를 꿀잠 자게 하는 잠자리 신호

- 동일한 시간과 장소, 순서로 잠자는 규칙 만들기
- 잠자리 신호를 동일하게 유지해 주면 아이가 편하고 쉽게 잠에 들게 됨.

3. 아이가 부모의 이야기에 불쑥 끼어들 때

- 부모만의 이야기라면 아이가 들을 수 없는 곳에서 하기
- 아이에게 이야기해 줄 수 있지만 지금이 그때가 아니라면 "잠시 후에 이야기 해 줄게. 지금은 놀고 있어."라고 말해 주기

두 번째 탄생신화

________의 태몽 이야기

“엄마, 아빠 아기씨가 어떻게 엄마 배 속에 들어가?”

푸핫-
아, 다행이다.
아기씨가 응가가 안돼서.
휴~
햇살아. 엄마가 너의 다음 질문을 기대하며 기다리마.

햇살이가 얼마나 고민을 했을까요? 아기씨가 응가가 안 되고 아기가 되는 그 비밀. 자신의 모든 생각 주머니를 동원해 봐도 꽤나 어려운 숙제였나 봅니다. 햇살 엄마는 햇살이가 궁금해하는 것을 알려 주기로 했습니다. 아이가 성에 대해 궁금해할 때 부모로부터 답을 듣는 것이 가장 안전하고 정확한 성교육이니까요. 햇살 엄마는 아빠 고추의 이름은 '음경'이고 엄마 몸에는 '질'이라는 길이 있다는 것을 먼저 설명하였습니다. 그리고 아빠의 음경이 엄마의 몸속 길인 '질'에 들어와 아기씨 정자를 넣어 준다고 알려주었습니다. 절대로 먹는 게 아니라고 가르쳐 주었습니다.

다행히 햇살이는 '넣어 준다'는 표현에서 궁금증이 해결되었습니다. 그러나 분명 '넣어 준다'라는 것이 무엇인지 이해하지 못하는 아이도 있습니다. 그래서 사람의 생식 과정을 설명하기 전에 미리 동식물의 생식 과정을 알려 주는 게 좋다고 합니다. 식물에 관한 다큐멘터리를 보면 예쁘게 활짝 핀 꽃들 사이를 벌과 나비가 날아다니며 꿀을 먹는 장면이 나옵니다. 그리고 자연스럽게 암술과 수술의 꽃가루가 수분을 하게 되고 씨방으로 내려가 열매를 맺게 되는 과정이 나옵니다. 책에서는 식물의 생식 기관과 생식 과정을 정확히 그림으로도 보여줍니다. 또 동물에 관한 다큐멘터리에서는 넓은 초원에서 여유롭게 사자 엄마 아빠의 짝짓기 장면이 펼쳐집니다. 그리고 다음 장면에서는 분명 귀여운 아기 사자가 엄마 사자와 장난을 치는 장면이 나옵니다. 이처럼 동식물의 생식과정을 다큐멘터리나 책을 통해 봤던 아이라면

'넣어 준다'는 것의 의미를 보다 쉽게 이해하게 됩니다. 또한 어른들과 다르게 생식 과정 즉 성관계에 대한 왜곡된 사고도 없으니 아주 자연스럽게 받아들이게 됩니다. 햇살이도 동식물의 생식 과정을 본 적이 있어서 '넣어 준다'라는 개념을 이해하고 질문에 대한 답을 찾았습니다.

그런데 호기심이 많아 여기서 그치지 않고 성관계 장면을 궁금해하는 아이도 있습니다. 이럴 경우에는 반드시 사진이 아닌 그림으로 보여 주어야 하고 그림 자료도 아이의 연령에 적합해야 합니다. 혹 너무 과한 성교육 자료라면 자칫 아이에게 충격으로 남게 되어 성에 대해 왜곡된 인식을 심어 주게 되므로 주의가 필요합니다. 서점에 가 보면 유아 성교육 책들이 매우 많습니다. 햇살 엄마와 햇살이가 함께 봤던 그림책에는 부모의 성관계 장면을 즐거운 놀이 혹은 운동을 하는 것처럼 그려 놓고 그 옆에 엄마 아빠의 한마디 말이 적혀 있었습니다. "우리 힘을 합치자." 정말 멋진 표현이지요. 이보다 더 정확하고 쉬운 설명은 아이에게 없을 것 같습니다.

성교육에 있어 부모가 꼭 알아야 하는 것이 있습니다. 바로 생식기의 정식 명칭을 가르쳐 주는 것입니다. 눈, 코, 입과 같이 우리의 생식기관에도 이름이 있습니다. 그래서 햇살 엄마는 정자, 난자, 음경, 질이라는 정식 명칭을 사용하여 설명을 해 주었습니다. 만약 '그거, 그거'라고 표현한다면 아이가 이해하지 못할 뿐만 아니라 성은 부끄럽고 말하기 불편한 것이라는 느낌을 가지게 되므로 정확한 명칭을 사용하는 것이 좋습니다. 그런데 유아기 아이에게 이런 단어가 좀 어렵게 느껴질 수도 있겠다는 생각이 듭니다. 그래서 생식기의 정식 명칭을 사용하는 것이 원칙이지만 유아에 한하여 '고추, 잠지, 똥꼬' 정도의 표현은 부분적으로 허용해서 사용하기도 합니다. 그런데 예전에 상담실에서 만났던 어떤 어머님은 유아적인 이 표현조차 너무 불편하여 모두 합쳐 '똥꼬'라고 아이에게 가르쳐 주었다고 합니다. 문제는 여러 날이 지난 어느 날이었습니다. 아이가 "똥꼬가 아파."라고 말했는데 어머님이 어디를 말하는지 몰라 다시 물어보고 확인하는 일이 있었다고 합니다. 이렇게 아이의 표현이 모호하여 부모와의 소통에 문제가 생기지 않도록 생식기의 명칭을 구분하여 정확히 사용하는 것이 좋겠습니다.

아이는 정확한 시간에 맞추어 연령이 증가할 것이고 당연히 성에 대한 질문도 더 깊어질 것입니다. 햇살이가 지금은 유아기이니 그 수준에 맞게 "정자가 어떻게 난자를 만나?"라고 질문을 했지만 아동기가 되면 이 질문은 바로 "성관계가 뭐야? 어떻게 하는 거야?"로 바뀐답니다. 뭐라고 설명을 해줘야 하나 잠시 현기증이 날지도 모르겠습니다. 모범 답안은 "서로 사랑하는 두 사람이 손을 잡고 포옹을 하고 입을 맞추고 정자를 몸속에 넣어주는 모든 과정을 성관계라고 한단다. 성관계는 서로의 사랑을 몸으로 표현하는 건데 반드시 둘 다 원할 때 하는 거야. 그리고 성관계를 통해 아기가 생기기도 하지."입니다. 여기서 중요한 키워드는 대상, 대상 간의 관계, 서로 원할 때, 몸으로 사랑을 표현하는 방법, 아기입니다. 문장으로 정리해 보니 그리 어려운 설명은 아닐 것입니다.

한 걸음 더 들어가 요즘 텔레비전 뉴스가 '19금'일 정도로 성에 관한 사건이 많이 나오고 있는데 귀에 쏙쏙 박혀 아이가 궁금해하는 단어가 있습니다. 바로 '성매매와 성폭력'입니다. 이걸 또 어떻게 설명을 해주나 마음이 힘들어집니다. 그러나 성관계에 대한 개념만 있다면 설명이 쉬워집니다. 성관계는 사랑하는 사이에서 몸으로 사랑을 표현하는 것인데 여기서 사랑이 없어지고 대가가 따르는 것 즉 "사랑하지 않는 사람이 대가를 지불하고 성관계를 하는 것이 성매매야. 마트에 가서 물건을 사는 것처럼."이라고 설명할 수 있습니다. 그리고 "성관계를 비롯한 스킨십은 둘 다 원할 때 하는 것인데, 둘 다 원하는 것이 아니라 한 사람이 강제로 성관계나 스킨십을 하는 것이 성폭력이야."라고 정리할 수 있습니다. 성관계, 성매매, 성폭력에 대한 질문은 꼭 한 번은 받게 되므로 그 순간 당황하지 않고 잘 설명해줄 수 있도록 기억해 두면 좋겠습니다.

띵동!

양육 꿀팁 도착~

1. 아기가 어떻게 생기는지 아이가 질문할 때

1) 정확히 하지만 아이 수준에 맞게 설명하기

- 아빠가 엄마 몸속에 정자를 넣어준다고 정확히 설명해 주기
- 유아 성교육 책을 통해 이해할 수 있도록 돕기
- 성교육은 반드시 사진이 아닌 아이 수준에 맞게 그려진 그림으로 해야 함.
- 미리 동식물의 생식 과정을 책이나 다큐멘터리로 보여주어 아이의 이해 돕기
- 부모가 대답을 회피하거나 얼버무리며 넘어가면 아이는 성에 대해 불편하게 생각함.

2) 생식기의 정식 명칭 알려주기

- 생식기에도 이름이 있음을 알려주기
- 정확한 이름으로 표현해야 성에 대한 왜곡된 생각을 하지 않음.
- 유아에 한하여 '고추, 잠지, 똥꼬'라는 유아어를 허용하기도 함.

3) 성관계에 대한 개념 알리기

- 서로 사랑하는 사람이, 둘 다 원할 때, 몸으로 사랑을 표현하는 것이라고 설명하기

- 성관계를 통해 아기가 생김을 설명하기

"요술이가 엄마 배를 찼다고?"

햇살이의 손을 내 배 위에 살포시 올려주었다.
어, 진짜네.
까르르

햇살이가 한마디 했다.
요술아, 엄마 아프다. 조심해라.

이제 요술이가 많이 자라 엄마가 태동을 느끼는 강도가 점점 세지고 있습니다. 배 속 아기가 엄마에게 자신의 안부를 직접 전달할 수 있는 방법으로는 태동이 유일한 것 같습니다. 이렇게 아기가 온몸으로 전하는 신호에 엄마가 가만히 있을 수는 없지요. 그래서 햇살 엄마는 요술이에게

"요술아, 일어났구나."

라고 반갑게 아침 인사를 했습니다. 이런 장면을 햇살이가 보고 태동에 대한 궁금증이 생겼습니다. 그래서 햇살 엄마는 햇살이에게 요술이의 태동을 느껴볼 수 있도록 해 주었습니다. 사실 그동안은 태아 초음파를 통해서만 볼 수 있던 동생이었고 불룩해진 엄마 배를 보면서 동생이 안에 있나 보다 생각만 했을 테지만 이제 태동을 느꼈으니 햇살이도 더 강하게 동생의 존재를 느끼게 되었을 것 같습니다.

엄마가 태동을 느낄 때 첫아이에게 태동을 안전하게 잘 느끼게 해 주는 것이 매우 중요합니다. 이런 상황에서 나타나는 부모의 흔한 실수는 바로 "동생 다쳐. 만지면 안 돼."라고 첫아이를 멀리하게 되는 것입니다. 이럴 때 첫아이는 어떤 생각이 들까요? '난 동생이 궁금한데, 내가 동생을 다치게 할 거라고 생각하나 봐. 동생만 예뻐하고.'라는 생각을 하게 되겠지요. 그렇다고 해서 막무가내로 엄마 배를 만지거나 눌러보게 할 수는 없습니다. 그래서 안전하게 동생의 태동을 느껴볼

수 있도록 엄마의 지도가 필요합니다. 엄마가 첫아이에게

"동생이 지금 엄마 배 안에서 놀고 있어.
살짝 손을 올려보면 노는 걸 느껴볼 수 있어."

라고 말하고 첫아이의 손을 조심스럽게 엄마 배 위에 올려주게 되면 첫아이도 엄마와 동일하게 조심해서 행동하게 된답니다.

아이들은 처음이 중요합니다. 처음에 경험했던 것들을 기준으로 다음 행동을 하게 되기 때문입니다. 동생이 다칠까 봐 첫아이를 멀리하기보다는 안전하게 동생을 만날 수 있도록 기회를 만들어 주는 것이 좋습니다. 이런 과정을 거친 첫아이라면 동생이 태어난 후에도 조심스러운 손길을 보낼 수 있답니다. 햇살이는 배 속에 있는 동생에게 조심스러운 손길을 보내면서 동시에 동생에게도 엄마 아프게 하지 말라고 주의를 주어 엄마를 웃게 하였습니다. 역시 만만치 않은 누나가 될 것 같습니다.

한 걸음 더 들어가 부모의 민감성과 반응성에 대해 알아보겠습니다. 요술이가 태동을 할 때마다 햇살 엄마는 요술이의 태명을 불러주고 배를 쓰다듬으며 말을 걸어 주었습니다. 요술이의 태동처럼 아기가 보내는 신호에 대해 인지하는 것을 '민감성'이라고 하고, 배를 쓰다듬고 말을 걸어주는 것과 같은 행동 반응을 '반응성'이라고 합니다.

민감성과 반응성을 '좋은 돌봄'이라고 하고 부모가 부모다워지는 것은 이 좋은 돌봄에 달려 있습니다.

예를 들어 아기가 기저귀에 쉬를 하고 갑자기 울음을 터트렸습니다. 민감성과 반응성이 모두 좋은 부모는 단번에 아기가 기저귀에 쉬를 해서 우는 걸 알아차리고 "아~ 쉬했구나. 축축하겠다. 얼른 기저귀 갈아 줄게."라고 말하고 기저귀를 갈아주는 행동을 하게 됩니다. 그런데 민감성만 좋은 부모라면 "아~ 기저귀가 젖었구나. 좀 있어 봐."라고 자기 일을 먼저 하고 아기를 기다리게 하는 등 반응을 늦게 하여 아기를 안달하게 만듭니다. 반대로 반응성만 좋은 부모라면 아기가 어디가 불편한지 몰라 허둥대겠지만 이유를 찾아보려는 시도는 하게 됩니다. 그러나 그동안 아기가 불편해서 많이 울고 보채게 되겠지요. 안달하고 울고 보채는 과정이 길면 길수록 아기들은 까다로운 반응을 보여 부모와 상호작용이 어려워진답니다. 그래서 민감성과 반응성을 길러야 하는데 처음부터 잘하는 부모는 없습니다. 아이가 한 살이면 부모도 한 살, 아이가 두 살이면 부모도 두 살이라고 합니다. 부모는 아이와 함께 성장하고 부모다움은 만들어지는 것이기 때문이지요. 부모가 부모다워지는 그 시작이 바로 임신 기간이라고 할 수 있습니다.

부모가 적당한 민감성과 반응성을 바탕으로 아이에게 좋은 돌봄을 실천하게 되면 부모와 아이가 안정 애착을 형성하게 됩니다. 애착이란 주 양육자와 아이가 맺는 정서적인 유대관계입니다. 쉽게 말하면 부모와 아이가 서로 사랑하고 신뢰하는 정도를 의미합니다. 이 애착은 부모와 아이의 지극히 개인적인 관계지만 아이의 사회성의 기초가 되므로 지극히 사회적이라고도 할 수 있습니다. 그래서 중요하다고 하는 것입니다. 애착 형성 기간을 서양에서는 출생부터 36개월까지의 기간이라고 합니다. 그러나 동양에서는 태어날 때부터 아이에게 한 살을 주어 배 속의 10개월도 생명으로 인정하고 있습니다. 그래서 동양적인 관점이라면 애착은 임신 10개월과 출생 후 36개월을 더한 46개월 동안 형성된다고 해도 과언이 아니라고 생각합니다. 배 속에서부터 아기와 상호작용을 잘하며 민감성과 반응성을 길러 안정된 애착을 형성하는 부모가 되길 기대합니다.

띵동!

양육 꿀팁 도착~

1. 태동을 통해 동생과 교감하기

- 배 속에 있는 아기가 다칠까 봐 너무 조심하는 것도 첫아이에게는 서운한 일이 됨.
- 태동이 있을 때는 첫아이에게 조심스럽게 느껴보도록 하는 것이 좋음.
- 살포시 엄마 배를 만져보고 태동을 통해 동생을 느껴본 아이는 동생에게 스스로 행동을 조심하게 됨.

2. 좋은 돌봄

- 아이를 돌보는 부모의 바람직한 양육 행동
- 좋은 돌봄은 안정 애착을 형성하게 함.
- 민감성과 반응성으로 대표됨.
- 민감성은 아이의 욕구를 빠르게 인지하는 것
- 반응성은 아이에게 행동으로 반응해 주는 것

3. 애착

- 애착이란 부모와 아이의 정서적인 유대관계
- 부모와 아이가 서로 믿고 사랑하는 정도를 의미함.
- 임신 기간부터 출생 후 36개월까지의 시간 동안 형성됨.
- 사회성의 기초가 됨.

여섯 번째 이야기

동생과 교감을 시작하다

"요술아, 누나 유치원 다녀올게. 엄마랑 잘 놀고 있어. 사랑해!"

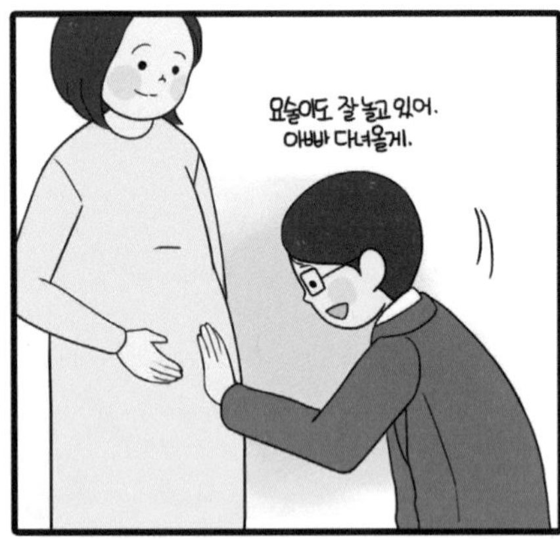

요술아, 누나 유치원 다녀올게.
엄마랑 잘 놀고 있어. 사랑해.
잘 다녀와.
햇살아.
지켜보던 선생님의 얼굴에 웃음이 번졌다.

햇살이는 갑작스럽게 나타난 동생에 대해 거부하다가, 질투하다가, 궁금해하더니 이제는 태담을 하는 사이가 되었습니다. 이 정도의 관계에도 만족하는 햇살 엄마는 참으로 눈이 낮은 것이 분명해 보입니다. 햇살이는 자신이 이제 누나라는 걸 마음으로 느끼기 시작한 것 같습니다. 앞으로 함께 넘어야 할 산이 많겠지만 동생을 새로운 가족으로 인식하고 받아들이기는 일단 성공한 것 같습니다. 첫아이가 동생이 태어나면서 힘들어지는 것은 자신과 동생이라는 존재에 대한 정확한 관계 인식이 없어서 동생을 어떻게 대해야 하는지 모르는 것도 이유가 됩니다. 작고, 말도 못 하고, 울고, 게다가 엄마 무릎과 가슴을 독차지하는 갑자기 나타난 이상한 아이. 이것이 바로 첫아이가 바라보는 동생입니다. 그래도 다행인 것은 배 속에서 동생이 자라는 열 달이라는 시간이 있다는 것입니다. 이 열 달은 엄마 아빠가 될 준비도 하고 첫아이가 동생을 받아들일 준비를 시키기에도 부족함이 없는 것 같습니다.

열 달 동안의 시간은 태교를 하는 시간입니다. 엄마 아빠가 태교를 하는 목적에는 좋은 부모가 되기 위한 준비, 건강한 아기 출산하기, 아기의 정서를 안정되게 하기 등 많은 것들이 있습니다. 이런 목적을 잘 달성하기 위해 음악 태교, 미술 태교, 뇌 태교, 태담 태교 등등 여러 가지 태교를 하게 되는데 그중에서 태담 태교는 으뜸이라고 할 수 있습니다. 태담 태교는 배 속의 아기에게 부모를 비롯한 가족들이 부드럽게 음성을 들려주고 대화를 시도하면서 교감을 하고 이를 통해 아기의 정서적 안정과 뇌 발달을 돕습니다. 우리가 흔히 기질은 타고나는 것이라고 하지만 태교를 통한 부모와의 교감이 기질을 만드는 건 아닐까 조심스럽게 생각을 해 봅니다.

태담 태교의 효과는 정서 안정과 뇌 발달에서 끝나지 않습니다. 태교 강의에서 만나는 부모님들의 바람 중 1위는 '아이와 대화를 많이 하는 친구 같은 부모가 되고 싶다.'라는 것입니다. 이런 바람을 실현할 수 있도록 돕는 것이 바로 '태담 태교'입니다. 배 속에 있을 때부터 아기와 태담을 하는 것에 익숙한 부모는 아기가 태어났을 때 대화나 정서 교감이 더욱더 수월하기 때문입니다. 이러한 태담의 효과는 부모뿐만 아니라 첫아이와 동생의 관계에서도 그대로 재현됩니다. 즉, 배 속에 있는 동생과 태담을 했던 첫아이는 동생의 존재를 열 달 동안 인식하고 대화를 하였기 때문에 태어났을 때 어색함이 덜하고 정서 교감도 더 잘한다는 것입니다. 마치 전화 통화로만 소통하고 교감하던, 궁금하고 보고 싶었던 친구를 만나는 것과 같습니다. 그래서 엄마 아빠가 요술이에게 태담을 하는 것을 햇살이에게 보여주었고 햇살이도 당연한 듯 따라 하게 된 것입니다.

그런데 태담이 아무리 좋다고 해도 부모가 첫아이에게 태담을 강요하게 되면 첫아이는 '보이지도 않는데 벌써부터 잘해 주라고? 흥, 싫어.'라고 반감을 품게 됩니다. 따라서 억지로 시키기보다는 부모가 먼저 보여주는 것이 좋습니다. 햇살 아빠는 햇살이에게 먼저 인사를 하고 요술이에게 태담으로 인사를 하였습니다. 이러한 과정에서 햇살이도 자연스럽게 '요술이하고는 저렇게 태담 인사를 하는 거구나.'라고 알게 됩니다. 이때 주의할 점은 반드시 첫아이와 먼저 인사나 대화를 하는 것입니다. 첫아이는 부모에게서 자신의 위치가 불안하지 않을 때 동생을 편하게 수용하고 사랑을 나눠줄 수 있게 되기 때문입니다.

태담을 하는 가장 좋은 방법은 아기가 옆에 있는 듯 일상에 대한 이야기를 자연스럽게 해 주는 것입니다. 아침에 일어나서 인사하기, 맛있게 밥 먹으라고 말해주기, 외출을 하는 가족과 인사하기, 오늘 특별한 일정이 있다면 알려주기, 집 밖의 소음 등에 대해 놀라지 않게 미리 알려주기, 날씨에 관한 이야기, 기분을 이야기해 주기, 잠들 때 다정하게 인사하기 등입니다. 햇살이도 엄마 아빠가 이런 태담을 요술이에게 하는 것을 보았기 때문에 요술이에게 지금은 추운 겨울이라 장갑과 모자를 썼다는 말도 하게 된 것입니다. 이때 부모는 동생이 되어 대답을 해 주어야 합니다. 혼자서 하는 말은 대화가 아니니까요. 이런 태담은 태교 시기에 하는 말에서 그치지 않고 아기가 태어난 후 양육을 할 때 그대로 사용됩니다. 때문에 태담은 아기와의 상호작용을 돕고 특히 부모와 아이가 대화하는 습관을 형성하게 하여 대화를 많이 하는 친구 같은 관계가 되도록 해 준답니다.

띵동!

양육 꿀팁 도착~

1. 동생과 태담하기

1) 태담의 정의와 효과

- 태담은 부모를 비롯한 가족이 배 속의 아기에게 음성을 들려주고 대화를 시도하는 것
- 태담을 통해 아기와 대화하는 방법에 익숙해질 수 있어 태어난 후 대화가 더 자연스러워짐.
- 첫아이 눈에는 아직 보이지 않는 동생이지만 태담을 통해 동생과 익숙해지는 시간을 가지게 됨.

2) 태담 방법

- 부모가 먼저 태담하는 모습을 첫아이에게 보여주어 첫아이가 자연스럽게 따라 하게 하기
- 첫아이에게 절대로 태담 강요하지 않기
- 첫아이가 태담을 하면 부모가 동생 대신 대답을 해 주어 첫아이가 대화하는 느낌을 가지도록 하기
- 엄마 배를 부드럽게 쓰다듬으며 말하기

3) 실제 태담

- 아빠가 출근할 때 "엄마랑 잘 놀고 있어. 다녀올게. 사랑해."
- 밥을 먹을 때 "우리 같이 맛있게 먹자."
- 외출할 때 "오늘은 병원에 가는 날이야. 조심해서 잘 다녀오자."
- 추워지는 날씨에 대해 "오늘은 정말 춥네. 겨울이라서 그래."
- 기분이 안 좋을 때 "오늘은 엄마 기분이 안 좋네. 그래도 아기 생각하며 빨리 기분 풀게."
- 잠들 때 "아기야, 잘 자. 아침에 만나."
- 태담은 아기가 태어난 후 대화를 할 때 그대로 사용됨.

"엄마, 나한테 어떻게 태교했어?"

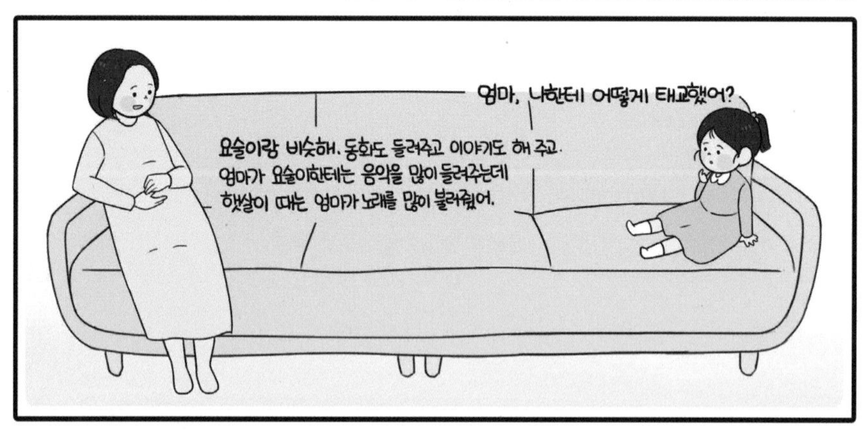

햇살이의 노래 실력이 정말 엄마의 태교 때문일지도 모르겠습니다. 태교는 정말 아기에게 많은 영향을 미치니까요. 태아는 엄마와 한몸으로 되어 있어 엄마의 목소리는 물론 그 기분까지 고스란히 느끼게 됩니다. 그래서 아기를 가진 엄마는 매 순간 편안하고 즐겁게 지내려는 노력이 필요합니다. 햇살 엄마가 햇살이를 가졌을 때 노래를 부르며 즐겁게는 지냈는데 음악적 감각이 햇살이에게 전달될 거라는 걸 왜 잊었을까요. 햇살이에게 참 미안해집니다.

태교는 태아 교육, 태중 교육의 줄임말로 1차 목적은 아기를 가진 엄마의 심신 안정과 태아의 건강한 발달입니다. 엄마가 보고 듣고 말하는 모든 것이 아기에게 영향을 미친다고 하여 임신을 했을 때는 좋은 것만 보고, 좋은 것만 먹고, 좋은 것만 들으라고 했습니다. 최근에는 부모와 자녀의 관계를 중요하게 생각하게 되면서 태교의 2차 목적이 부모와 자녀의 안정된 정서 관계 맺기로 확대되었습니다. 그리고 최종 3차 목적은 건강하고 안정된 가족관계 맺기인데 그중 더 열심히 준비해야 하는 것이 바로 '형제 자매의 관계 맺기'입니다. 최근 출산율 저하로 인구가 감소한다고 말들을 많이 하지만 아직도 둘 이상 자녀를 낳는 가정도 많지요. 그러면서 형제자매 사이의 갈등으로 고민하는 부모가 많아지고 있는데 이를 예방하기 위해서라도 태교는 정말 중요하답니다. 하지만 태교 강의에 둘째 태교를 위해 오는 부모들은 거의 없습니다. 둘째 때는 태교에 대해 알고 있다는 것도 이유가 되지만 더 중요한 이유는 첫아이가 있어 둘째 태교를 신경 쓸 겨를이 없기 때문이라고 합니다. 첫아이의 질투와 투정은 날로 커지고 둘째를 임신한 엄마는 몸이 힘들고 그 사이에서 우왕좌왕하는 아빠는 어쩔 줄 모르고. 따라서 둘째 태교는 첫아이의 태교와는 질적으로 다른, 올바른 형제관계를 맺기 위한 방법들이 포함되어야 함을 꼭 기억하고 생활 속에서 실천해야겠습니다.

첫 만남부터 동생이 싫다고 목 놓아 울던 햇살이도 동생 요술이를 궁금해하고 자신의 태아기에 대해 알아가면서 조금씩 동생을 받아들이고 있는 것 같습니다. 그래서 태교를 할 때는 건강하고 똑똑한 아기 출산하기와 더불어 앞으로의 행복한 가족관계를 염두에 두고 열 달을 잘 보냈으면 좋겠습니다. 햇살이는 요술이에게 엄마가 어떻게 하는지 살펴보다가 문득 자신에게는 어떻게 태교를 했는지 묻게 되었습니다. 단순히 기억을 못 하는 시기의 일에 대한 질문일 수도 있지만 '나한테도 저렇게 해 줬을까?'라는 의문과 함께 은근히 동생과 비교를 하게 되었나 봅니다. 햇살 엄마는 햇살이에게

"동화도 들려주고 이야기도 해 주고.
엄마가 요술이한테는 음악을 많이 들려주는데
햇살이 때는 노래를 많이 불러줬어."

라고 말해 주었습니다. 이런 질문을 받을 때는 실제로 했던 태교에 대해 이야기 해 주면 되는데 문제는 첫아이 때 내가 과연 태교를 했던가

하는 의문과 함께 기억이 안 날 수도 있습니다. 이럴 때 어떻게 할까요? 사실 그대로 "못 했어. 안 했어. 기억이 없는데."라고 말할까요? 아닙니다. 한 만큼만 이야기하면 됩니다. 왜냐하면 태교를 아주 특별히 잘하지는 못해도 전혀 하지 않은 부모는 세상에 없기 때문입니다. 태교라 하면 임신과 출산에 관련된 광고나 드라마에서 본 것처럼 엄마가 불룩한 배를 내밀고 아빠와 함께 백화점의 아기자기한 아기 매장에 가서 손바닥보다 작은 신발을 사고, 손수건만 한 크기의 배냇저고리를 가슴에 대어 보고, 고가의 아기 침대와 당장 쓰지도 못할 장난감들을 사서 아기방을 잔뜩 꾸며 놓고, 그 안에서 배를 쓰다듬으며 엄마가 음악을 듣고 아빠가 동화책을 읽어주는 장면을 떠올리시나요? 이렇게 거창할 필요는 없습니다. 아기가 이런 것들로 감동하지는 않으니까요.

강의실에서 만나는 부모님 중에 "저는 사는 게 힘들어서 태교 못 했어요."라고 아이한테 미안해하는 분들이 참 많습니다. 그러나 태교는 누구나 했답니다. 단 부모가 그것이 태교인지 모를 뿐이지요. 아기가 생긴 걸 알고 잘 키워야겠다고 마음먹은 순간, 태명을 짓고 불러주는 순간, 나도 모르게 늘 마시던 커피잔 앞에서 손이 멈추는 순간, 출산에 맞추어 직장의 스케줄을 조정하는 순간, 점점 불러오는 배에 맞춰 임부복을 사는 순간, S라인이 없어져도 D라인도 꽤 괜찮다고 생각하는 순간, 출산을 준비하는 모든 순간에 우리는 아기를 생각하고 있습니다. 아기를 생각하는 그 마음속에 충분히 사랑이 있고 배려가 있지요. 이 모든 과정에 의식적으로 생각하든 무의식적으로 행동하든 그 중심에는 늘 아기에 대한 생각이 들어 있었습니다. 따라서 모든 부모는 충분히 태교를 잘하고 있답니다. 우리 모두 태교에 대해서는 지금부터 자신감을 갖도록 하겠습니다. 그리고 아이에게 말해 주세요.

"널 가졌을 때 나는 늘 널 생각했어."

라고 말입니다.

띵동!

양육 꿀팁 도착~

1. 태교의 목적

- 엄마의 심신 안정과 태아의 건강한 발달
- 부모와 자녀의 안정된 정서 관계 맺기
- 형제자매의 올바른 관계 맺기
- 건강하고 안정된 가족관계 맺기

2. 아이가 자신에게 한 태교에 대해 질문할 때

- 아기를 생각할 때의 좋은 기분에 대해 이야기해 주기
- 아기를 위해 조심했던 것 이야기해 주기

일곱 번째 이야기

엄마랑 놀고 싶어지다

"그럼 나랑은 어떻게 놀 수 있어?"

그럼 나랑은 어떻게 놀 수 있어?
같이 못 해서 속상하구나. 엄마도 속상해.
놀 수 있는 방법은 많지.
정말?
방법을 조금만 바꾸면 놀 수 있어.
빨리 말해봐. 빨리.
엄마가 많이 움직이지 않으면 되지. 그러니까 엄마가 훌라후프를 잡고 노래를 부르면 햇살이가 통과하는 거지.
어떤 노래?
동대문
아. 맞다. 지난번에 우리 같이 했잖아. 나 잘해.
그래. 우리 집에서 같이 하자.
여기서 놀이 고민이 끝나는 줄 알았다.
그런데 엄마! 줄넘기는?
아. 그래. 줄넘기... 그건 햇살이가 생각해줄래? 엄마가 많이 움직이지 않는 걸로.
알았어.

햇살이는 현관문을 열고 들어오자마자
줄넘기를 찾아 내게로 온다.
엄마, 생각났어.
내 뒤에 서봐.

이게 줄넘기 기차야.
이렇게 기차놀이를 하는 거야.
엄마 걸을 수는 있지?
당연하지.

칙칙
폭폭
땡
병원에서 많이 걸으라고 했는데 그 날 줄넘기 기차를 타고
거실을 걷고 또 걸었다. 요술이도 재밌는지 자꾸 발길질을 했다.

햇살이는 생기발랄한 놀이 대장입니다. 언제나 엄청난 즐거운 에너지로 엄마와 놀이를 하곤 했었지요. 그런데 요즘 엄마 몸이 무거워지면서 점점 더 놀이를 함께 하기가 힘들어져 실망이 이만저만이 아니랍니다. 사실 햇살 엄마는 "놀기 힘들어. 쉬자."라고 말하고 싶지만 그렇게 말하기에는 왠지 모를 죄책감이 엄마를 압도할 것 같고 햇살이가 실망하는 모습을 보고 싶지 않았습니다. 그래서 햇살 엄마는 햇살이에게

"방법을 조금만 바꾸면 놀 수 있어.
엄마가 많이 움직이지 않으면 되지."

라고 말하고 몸 상태에 맞게 놀이를 다르게 하는 방법을 알려주었습니다. 그리고 햇살이에게도 새로운 놀이 방법을 찾아보도록 하였는데 다행히 햇살이가 엄마랑 같이 할 수 있는 놀이를 찾았습니다. 이렇게 새로운 놀이 방법을 찾을 때는 아이와 엄마가 함께 의논하는 것이 좋습니다. 그래야 아이도 즐겁고 엄마도 즐거운 놀이를 할 수 있고, 다음에 이러한 상황이 발생했을 때 아이가 오늘의 경험에 비추어 스스로 엄마와 할 수 있는 놀이를 찾을 수 있기 때문입니다. 만약 그렇지 않고 아이가 엄마의 의견에 이끌려 놀이를 하게 되면 아이는 재미가 없을 수도 있고, 재미가 있었다면 다음에도 계속 엄마에게 뚝딱뚝딱 놀이를 만들어 내라고 떼를 써 엄마를 힘들게 할 수도 있습니다. 또한 아이는 놀이를 관장하는 주인이 아니라 놀이에 초대되는 손님처럼 수동적

으로 놀이에 참여하게 되어 자칫 사회성이 결여될 수 있으므로 반드시 스스로 놀이를 생각해낼 수 있도록 도와주는 것이 좋습니다.

한 걸음 더 들어가 놀이에 대해 알아보겠습니다. 놀이는 즐거움 자체가 목적이 되는 모든 활동을 말합니다. 그런데 부모는 왜 놀이가 즐겁지만은 않을까요? 함께 '논다'는 개념보다는 '놀아 준다'는 개념이 강하기 때문입니다. 그리고 부모와 아이의 에너지 수준이 달라 부모가 힘들기 때문입니다. 즐겁지도 않고 힘들어도 부모는 아이 정서 안정에 좋다고 하니 큰마음을 먹고 아이에게 놀자고 하는데, 아이는 늘 핸드폰만 한다며 속상함을 내비치는 부모도 있습니다. 아이는 핸드폰을 아주 좋아하는 것 같지만 사실은 사람과 함께 하는 놀이, 그중에서도 부모와 함께 하는 놀이를 더 좋아한답니다. 그런데 누군가와 함께 하는 놀이의 기회가 많지 않아 아이가 핸드폰과 같은 매체를 가지고 혼자 놀이를 하고, 혼자 놀다 보니 잘 노는 방법을 모르고, 놀이의 즐거움 또한 모르기 때문에 자꾸만 핸드폰을 찾게 된답니다. 핸드폰을 잠시 내려놓고 놀아 보면 이 말이 사실이라는 것을 금세 알 수 있습니다. 놀아주기보다는 잠시라도 아이와 눈을 맞추고 놀이를 하면 좋겠습니다. 진짜 놀이는 아이뿐만 아니라 부모도 즐겁고 또 하고 싶어진답니다.

부모의 최고 광팬은 아이입니다. 늘 부모를 쫓아다니며 놀자고 하지요. 하지만 아이의 놀이 초대에 늘 즐겁게 응할 수 있는 부모는 절대로 없을 것입니다. 바쁜 일정에 쫓기다 보면 아이에게 '다음에'라고 말하기 일쑤입니다. 그런데 늘 놀고 싶은 아이의 입장에서는 언제일지도 모르는 다음을 기다리기란 참 힘든 일인 것 같습니다. 마치 언제 올지 모를 버스를 기다리는 것과 마찬가지입니다. 그런데 우리는 절대로 버스 정류장에서 무작정 버스를 기다리지 않습니다. 버스 안내판을 통해 버스가 언제 오는지 확인을 하고, 안내판이 없을 때는 인터넷 검색을 통해 버스가 오는 시간을 알아냅니다. 그래서 약속 시각에 늦을까 초조해하거나 기다림을 지루해하기보다는 마음을 내려놓고 버스를 기다리거나 다른 이동 수단을 찾으며 상황을 해결하게 됩니다. 이와 동일하게 아이도 언제 부모와 놀 수 있는지 알고 있다면 보채지도 않고 무작정 지루하게 기다리지도 않으며 자신의 시간을 다른 재밌는 것으로 채울 수도 있습니다. 그래서 부모는 아이에게 언제 놀 수 있는지 알려주는 것이 좋습니다. 놀이는 매일 할 수도 있고 주말마다 할 수도 있습니다.

하지만 놀이를 회사에 출퇴근하듯 정확히 하기는 참 어려운 것이 현실입니다. 놀이를 할 수 없는 경우에는 놀이를 잠시 미뤄두어도 좋겠습니다. 그런데 '미뤄두다'는 '다음에 하자.'와 같이 기약 없이 미루는 것은 절대 아닙니다. 부모가 아이에게 "지금 놀고 싶구나."라고 먼저 마음을 읽어준 후 "지금 바로 해야 하는 회사 일이 있어서 지금은 놀 수 없어."라고 상황을 설명해 줍니다. 그리고 "끝날 때까지 20분만 기다려 줄래?"라고 아이에게 언제 놀 수 있는지를 알려주고 그때까지 기다려 줄 수 있는지 물어보며 의논을 하는 과정을 거치는 것입니다. 물론 처음부터 잘 기다리는 아이는 없습니다. 한두 번 기다려 보니 자신이 원하는 놀이를 할 수 있었다는 것을 알게 된 아이만이 기다릴 줄 알게 된답니다. 현재의 욕구를 참고 때를 기다렸다가 자신이 원하는 것을 얻는 것을 '만족지연'이라고 합니다. 만족지연이 잘 되는 아이일수록 인내심이 강하고 꿋꿋이 자기 일을 잘해 나간다고 하니 '기다림'은 아이들에게 꼭 필요한 덕목인 것 같습니다. 그러니 '내가 너무 기다리라고만 하나.'라고 미안해하지 않아도 됩니다. 약속만 잘 지키면 괜찮습니다.

놀이 강의 시간에 만나는 부모님들은 "한 번 놀 때 얼마나 놀아야 할까요?"라는 질문을 꼭 한답니다. 제가 답을 하기 전에 "얼마나 놀면 좋을까요?"라고 다시 질문하면 10분, 30분, 2시간, 하루 종일이라고 답을 합니다. 부모마다 생각하는 놀이의 적정 시간은 아주 많이 다르다는 것을 알 수 있습니다. 왜냐하면 적정한 놀이 시간이란 없기 때문입니다. 놀이 시간은 부모와 아이의 상황에 따라 달라지기 마련이지요. 단, 부모가 온전히 집중해서 같이 놀이를 할 수 있는 시간이라고는 말할 수 있습니다. 우리가 아이와 놀았던 기억을 가만히 되짚어 생각해 보겠습니다. 놀이를 하다가 톡 오면 한 번 확인하고, 세탁이 끝났으면 빨래를 꺼내기도 하고, 잠시 스포츠 중계 상황도 확인하고. 놀이 시간은 길었지만 온전히 집중하는 시간은 그리 많지 않음을 알 수 있습니다. 아이는 오랜 시간 노는 것보다는 잠깐 놀더라도 신나고 재밌게 온전히 자신에게 집중해 주는 부모를 원한답니다. 부모의 에너지가 허락하는 범위 내에서 집중할 수 있는 시간만큼 놀길 바라봅니다.

그러나 이런 부모의 마음과는 다르게 아이의 놀이는 끝이 없습니다. "더 놀자."는 말을 입에 달고 삽니다. 분명 좋은 마음으로 놀이를 시작했는데 꼭 끝날 때는 싸우게 되지요. 그럼 부모는 '다음부터는 놀고 싶지 않아. 너무 피곤해.'라고 생각하게 되고 혼자 놀라고 아이의 손에 핸드폰을 쥐여 주기도 합니다. 이렇게 더 놀자고 떼를 쓰며 산뜻하게 놀이를 끝내지 못하는 아이들의 공통점이 있습니다. 바로 놀이 시간이 자주 없어 지금이 아니면 놀 수 없다는 절박감입니다. 그래서 일정하게 놀이 시간을 가지는 것이 중요합니다. 또한 아이와 놀이를 시작할 때 "우리 언제까지 놀까?"라고 놀이 시간을 정하는 것도 좋습니다. 그리고 놀이를 재밌게 할 텐데요, 정해진 시간이 되었다고 무 자르듯 놀이를 단번에 끝낼 수는 없습니다. 놀이가 끝나기 3~5분 전쯤에 부모가 아이에게 놀이가 곧 끝남을 예고해 주어 아이가 마음의 준비를 하고 놀이를 마무리할 시간을 주어야 합니다. 그리고 약속한 대로 놀이를 마치면 됩니다. 글로 읽으니 참 쉽고 간단하게 보이지만 사실은 그렇지 않다는 걸 다들 알 것입니다.

약속된 시간에 맞추어 놀이를 마치고 서로 즐거웠다고 말할 수 있다면 좋겠지만 아이의 마음이 그렇게 단순하지 않답니다. 당연히 "더 놀고 싶어."라고 아쉬움을 전할 것입니다. 이럴 때는 "더 놀고 싶구나.

아쉽구나."라고 감정을 읽어주고 "오늘은 놀이 시간이 끝났어."라고 상황을 설명해 주어야 합니다. 그리고 아무리 감정을 읽고 상황을 설명해도 놀이를 하고 싶은 욕구가 남아 있으니 아이는 결코 욕구를 접지 않을 것입니다. 이때 중요한 게 놀이를 언제 다시 할 수 있는지 알려주는 것입니다. "우리는 내일 또 놀 수 있어." 혹은 "주말에 다시 놀 수 있어."라고 말입니다. 이렇게 놀이 시간을 정하고, 정해진 만큼 놀고, 다음 놀이 시간을 약속하는 것을 일정하게 반복하면 아이는 부모와의 놀이 패턴이 생겨 놀이를 기분 좋게 끝내고 다음 놀이를 기다릴 수 있게 된답니다.

늘 할 일이 많아 바쁘지만 아이와의 놀이만큼은 이리저리 미루지 말고 함께하는 것이 좋겠습니다. 아이들이 부모를 찾고 함께 놀자고 하는 시간은 그리 길지 않답니다.

띵동!

양육 꿀팁 도착~

1. 즐거운 놀이하기

1) 놀이의 개념

- 놀이는 즐거움이 목적인 활동
- 혼자 놀기보다는 같이 노는 것이 좋음.
- 특히 부모와의 놀이는 아이의 정서를 안정시킴.
- 적정한 놀이 시간은 부모가 아이에게 온전히 집중할 수 있는 시간
- 짧은 시간이라도 즐겁게 노는 것이 중요

2) 놀이를 하기 힘들 때

- 놀 수 없는 이유 알려주기
- 몸이 힘들다면 할 수 있는 다른 놀이 방법 찾기
- 놀 시간이 없다면 '다음에 하자.'보다는 '이거 끝나고 놀 수 있어. 잠시만 기다려 줄래?'라고 놀이를 할 수 있는 시간을 알리고 기다려 달라고 요청하기

3) 놀이 잘 끝내기

- 놀이 시간을 정하고 놀이 시작하기
- 놀이가 끝나기 3~5분 전에 놀이가 끝남을 예고하기
- 예고를 통해 아이는 마음의 준비를 하고 놀이를 마무리함.

4) 놀이가 끝남에 대한 아쉬움 달래기

- "더 놀고 싶구나. 아쉽구나."라고 감정 읽어주기
- "약속 지켜."라고 강요하지 않기
- "내일 또 놀 수 있어."라고 다음 놀이 시간 알려주기
- 다음 놀이 약속 지키기

12
11
1
10
2
9
3
8
4
7
6
5
배가 불러올수록 점점 이 시간이
반갑지만은 않은 것은 내가 절대 나쁜 엄마이기
때문은 아닐거라고 혼자 생각하고 또 생각한다.

엄마
잘 놀고 있었구나.
보고 싶었어.

응. 요술이도 안녕.
응, 누나 안녕.
내가 요술이가 되어 답을 한다.

엄마, 놀자. 뭐하고 놀까?
응. 글쎄 뭐가 좋을까?
엄마는 움직이기 힘드니까
우리 클레이 할까?
그래, 그게 좋겠다.

햇살이는 손을 씻자마자 클레이부터 가지고 온다.
이제 엄마랑 같이 만들어 볼까나…ㅎㅎ

엄마!

나도 모르게 그만 꾸벅 졸고 말았다.
엄마, 나랑 놀기 싫어?
아니. 미안. 미안
그게 아니고 엄마가
너무 졸려서 그래.

너무해. 흥
햇살아. 정말 미안한데.
엄마 10분만
햇살이 옆에서 자고 일어나서
같이 클레이 하면 안될까?

10분만 자면 되는거야?
응. 딱 10분만.
알았어. 알람 꼭 맞춰.
고마워. 정말 고마워.
엄마인 나는 더 이상 내 것이 아니라는 것을 또 느꼈다.

동생이 생긴 후 햇살이가 자신에게 소홀해졌다고 엄마에게 서운함을 느낄까 봐 햇살 엄마가 온 힘을 다해 햇살이와 놀아보려 했는데 일이 생기고 말았습니다. 피곤한데 억지로 놀려고 하다 그만 앉아서 졸아 버렸네요. 놀이 중 있을 수 없는 일이 생기고 말았습니다. 이런 날이 꼭 있습니다. 잘하려고 했는데 결과가 더 이상해질 때 말이지요.

아이와 놀이를 하는 것도 양육을 하는 것도 모두 부모 혼자 하는 것이 아니라 아이와 함께 하는 것입니다. 그리고 부모도 사람인지라 가지고 있는 에너지 이상을 쏟으려고 하면 꼭 탈이 난답니다. 햇살 엄마가 늘 하던 강의 내용이지만 오늘은 스스로 잊고 말았네요. 이럴 경우에는 솔직하게 엄마의 상태를 아이에게 알리고 양해를 구하는 것이 좋습니다. 햇살 엄마는 햇살이에게

"정말 미안한데, 엄마 10분만 햇살이 옆에서 자고 일어나서
클레이 같이하면 안 될까?"

라고 상황을 말하고 양해를 구하였습니다. 함께 놀기로 한 약속을 지키지 못하게 되었으니 사과도 분명히 해야 한답니다. 단, 잠깐씩 엄마가 혼자 쉬는 것은 아이가 최소 6~7세 이상이고, 잠시 혼자서 놀 수 있으며, 안전상의 문제가 없다는 가정하에 가능한 것입니다. 이 중 단 한 가지라도 충족되지 않는다면 아이를 혼자 두고 쉴 수는 없습니다. 절대로 어린아이가 혼자 있지 않도록 해야 합니다. 놀이를 하다가 조는

이런 일을 예방하기 위한 가장 좋은 방법은 아이가 오기 전에 미리 엄마가 휴식을 취하는 것입니다. 햇살 엄마도 이날 이후부터는 반드시 햇살이의 하원 시간 전에 낮잠을 잤답니다.

한 걸음 더 들어가 부모의 상태를 아이에게 알리고 양해를 구하는 일에 대해 알아보겠습니다. 낮에 안 좋은 일이 있어 부모의 기분이 언짢을 때가 있습니다. 이럴 때 아이가 뭔가를 잘못하게 되면 부모의 화가 아이에게로 쏟아지게 됩니다. 화라는 것은 공격성을 가지고 있어 어딘가를 향해 실력 행사를 하게 되는데 때마침 아이가 부모의 신경을 거슬리게 하면 펑하고 터지게 되지요. 아이는 억울하고 무섭고 속상할 것이며 잠시 후 부모도 후회를 하게 되고 미안해집니다. 또 어떤 부모는 화를 내지 않고 꾹 참기도 합니다. 이런 걸 아이가 눈치채지 못하면 좋겠지만 바로 알아차린 아이는 '나 때문에 엄마 아빠가 화났나 봐. 내가 싫은가? 내가 뭘 잘못했나?'라고 눈치를 보게 되지요. 아이가 부모의 눈치를 보는 것을 보면 안쓰럽기도 하고 이렇게밖에 할 수 없는 부모 자신이 싫어져서 "눈치 보지 마. 내가 뭘 어쨌다고 눈치를 봐."라고 아이에게 더 화를 내게 될 때도 있습니다.

이런 때가 바로 아이에게 부모의 상황을 알리고 양해를 구할 때입니다. "엄마에게 안 좋은 일이 있었어. 그래서 지금 기분이 안 좋아. 너 때문은 아니니까 걱정하지 마. 엄마 잠깐만 쉬고 놀자."라고 말하면 됩니다. 이처럼 부모의 기분 상태를 알려주면 아이는 괜한 걱정과 자책을 하지 않고 부모가 기분을 정리할 때까지 기다릴 수 있게 됩니다. 또한 아이도 자신에게 문제가 생길 경우 부모가 자신에게 말을 해 주었듯이 자신도 부모에게 말을 할 수 있게 되어 부모가 도움을 줄 수 있게 됩니다. 부모의 상태를 아이에게 설명하고 양해를 구해 의도하지 않은 상황이 발생하는 것을 꼭 예방하도록 하겠습니다.

띵동!

양육 꿀팁 도착~

1. 부모가 피곤할 때

- 아이를 만나기 전 반드시 휴식하기
- 정말 피곤하다면 아이에게 말하고 잠시 쉬기
- 부모가 잠시 쉴 때도 아이와 같은 공간에 있어 안전사고가 나지 않도록 주의하기

2. 부모의 기분이 언짢을 때

- 부모가 불편한 상태라면 아이와의 상호작용이 힘듦.
- 부모의 표정이 불편할 때 아이는 부모의 눈치를 보게 됨.
- 부모의 불편함에 대해 아이에게 충분히 설명해 주기
- 부모의 불편함이 아이 때문이 아님을 꼭 설명해 주기
- 부모는 기분을 정리하고 다시 아이 만나기

여덟 번째 이야기

동생을 소개하다

"제 동생 요술이는 남자인데 7개월입니다."

이거 선생님이
써오래.
가정 환경 조사서

가정환경조사서

며칠 후 담임선생님과 첫 상담을 하게 되었다.
햇살이 어머님,
요즘이 임신 중이시지요?
네.
입학식 때는 잘 몰랐어요.
네. 조금 품이 넓은 옷을 입으면
사람들이 잘 몰라요.

햇살이가 동생이 7개월이라고 소개를 해서 태어난 아기인 줄 알았어요.
그런데 가정환경 조사서를 보니 아직 태아더라고요.
네. 좀 더 있어야 태어나요.
하하하
선생님과 햇살이의 학교 생활에 대해 이야기를 나누고 집으로 돌아왔다.

흠~
흠~
햇살이가 학교에 잘 적응을 해서
그리고 동생을 나름 받아들인 것 같아 발걸음이 가볍다.

드디어 햇살이는 설레는 입학을 했습니다. 수업 시간에 교실 앞에 나가 발표도 하고 조금씩 초등학교 생활에 적응해 나가고 있습니다. 햇살이만큼 설레고 햇살이보다 더 궁금한 것이 많은 햇살 엄마가 담임 선생님을 뵈었는데 뜻밖에 요술이에 대한 이야기를 하게 되었습니다.

"저는 아빠, 엄마, 동생과 함께 살고 있습니다.
제 동생 요술이는 남자인데 7개월입니다."

이렇게 햇살이가 학교라는 나름 공식적인 자리에서 요술이를 가족으로 소개했다고 하니 '동생의 존재를 인정하고 있구나'라는 안도감이 듭니다. 그동안 엄마 아빠가 정기검진일에 햇살이를 데리고 가 요술이와 모니터를 통해 인사하게 하고 요술이와 태담을 하도록 한 것들이 효과가 있었나 봅니다.

아기가 태어나기 전에 부모는 할 일이 참 많습니다. 아기를 낳을 병원과 몸조리 할 조리원을 선택하고, 아기용품을 구입하고, 몸조리 기간에 첫아이를 돌볼 방법도 마련해야 합니다. 이런 과정에서 가장 중요한 것이 형제자매의 관계, 동생을 사이에 둔 부모와 첫아이의 관계입니다.

상담실에 있다 보면 "저는 첫째와 정말 사이가 좋았어요. 둘째가 태어나면 제가 둘째를 안 좋아할까 봐 걱정할 정도로요. 그런데 둘째가 태어나고 모든 것이 달라졌어요. 제가 첫째와 너무 많이 싸우게 되고 첫째가 절 너무 힘들게 해요. 어쩌죠?"라는 고민으로 찾아오는 부모님이 많습니다. 첫아이가 동생으로 인해 스트레스를 받다 보면 생각지도 못했던 심한 질투와 퇴행 행동이 나타나는데 이런 것들에 대해 부모가 미처 대비를 못 한 탓이지요. 때문에 부모와 첫아이의 관계, 첫아이와 동생의 관계가 잘 유지되려면 태교를 하는 열 달 동안에 첫아이가 서서히 동생에 대해 인식하고 자연스럽게 맞이할 수 있도록 부모의 도움이 필요합니다. 태담을 통해 동생과 교감하기, 변함없는 애정 표현으로 첫아이가 여전히 부모로부터 사랑받고 있다고 느끼는 것이 중요합니다.

한 걸음 더 들어가 첫아이를 큰 아이가 아니라 아이 그 자체로 봐주어야 합니다. 다섯 살 아이를 생각해 보면 아주 어린아이입니다. 그런데 동생이 태어남과 동시에 부모의 눈에는 열다섯 살쯤으로 보이게 됩니다. 아기와 비교했을 때 큰 아이인데 진짜 큰 아이로 보게 되고 이와 동시에 첫아이에 대한 기대감이 하늘 높은 줄 모르고 올라가게 됩니다. 이러니 뭘 자꾸 혼자 하라고 하고 잘 못하면 예전과 다르게 야단도 치게 되는 것이지요. 이렇게 첫아이에 대한 기대감이 높아지다 보면 아기를 돌보는 동안 기저귀를 가져다주거나 장난감을 정리해 주는 정도의 역할을 부여하며 부모의 양육 파트너처럼 생각하기도 합니다. 더 나아가 부모 대신에 동생을 돌보는 의무를 주기도 합니다. 첫아이는 나이와 상관없이 그냥 아이입니다. 그리고 첫아이와 동생의 나이 차이가 클 때 우리는 흔히 첫아이에 대해 '삼촌뻘 이모뻘인데'라고 생각하지만 그냥 아이, 내 자녀일 뿐입니다. 첫아이에 대한 과한 기대와 그에 따른 역할 부여를 하지 않도록 하겠습니다.

띵동!

양육 꿀팁 도착~

1. 첫아이를 대하는 부모의 태도

- 첫아이도 어린 아이임을 기억하기
- 동생의 형, 누나, 언니, 오빠가 아니라 그냥 내 아이, 내 자녀임을 기억하기
- 첫아이에 대한 부모의 배려와 사랑은 좋은 형제자매 관계의 기초

아홉 번째 이야기

동생이 태어나다

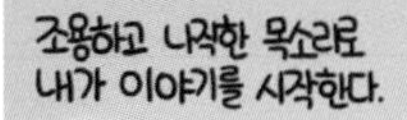

조용하고 나직한 목소리로
내가 이야기를 시작한다.

옛날에 엄마랑 아빠가 만나
결혼을 하게 되었단다.
엄마랑 아빠는 아기를 기다렸지.
어느 날 엄마랑 아빠가 사랑을 해서
아빠 아기씨 정자가 엄마 몸 속에 들어왔어.
정자가 엄마 아기씨 난자를 만나
뽀로롱 아기가 생겼지.
그 아기는 엄마 뱃 속에서 10달 동안
심장이 콩콩 뛰고 손도 꼼지락 발도 꼼지락 잘 자랐어.
엄마 배가 점 점 불러오던 어느 날
엄마가 아기가 너무 보고 싶어진거야.
그래서 배를 쓰다듬으며
'아기야, 보고 싶어. 이제 엄마 만나자.'
라고 말했지.
그랬더니 아기가 엄마 이야기를 들었나봐.
며칠 후 아기가 '응애' 하고 태어났어.
아빠가 탯줄을 자르고 아기를 엄마에게 안겨줬어.
엄마가 아기를 안고
'안녕, 엄마야. 태어나줘서 고마워. 사랑해.'
라고 말하고 뽀뽀를 해줬지.
세상에 아기가 엄마 목소리를 알았는지
울던 울음을 뚝 그쳤어.
얼마나 보드랍고 따뜻하고 사랑스러웠는지 몰라.
그 아기가 바로 엄마 아기 햇살이야.

세 번째 탄생신화 '태어난 날 이야기'입니다. 탄생신화 세 가지 중 햇살이가 가장 좋아하는 게 바로 이 태어난 날 이야기입니다. 햇살이가 아기일 때부터 잠이 들 때마다 해 주어 이제는 엄마보다 더 잘 말할 수 있을 정도가 되었지만 늘 들어도 지겹지 않은 것은

"아기야, 보고 싶어. 이제 엄마 만나자.
안녕, 엄마야. 태어나줘서 고마워. 사랑해.
그 아기가 바로 엄마 아기 햇살이야."

바로 사랑이 듬뿍 담겨 있기 때문입니다. 태명과 태몽에 이어 태어난 날 이야기는 자존감을 완성하는 화룡점정입니다. 편안하고 포근한 분위기에서 아이에게 꼭 들려주면 좋겠습니다. 가끔 아이의 반응이 귀엽다고 놀리듯이 "너 못생겼었어."라고 말하는 부모가 있는데 하지 않는 것이 좋겠지요. 태어난 날 이야기는 사랑을 전하는 이야기이니까요.

출산은 엄마에게 힘든 날이지만 아기에게는 더 힘든 날이라고 합니다. 좁은 산도를 빠져나오기도 어렵지만 그동안의 환경과는 완전 다른 세상과 마주하게 되는 날이기 때문이지요. 그래서 아기를 낳을 때는 낳을 병원과 몸조리할 조리원도 중요하지만, 더 중요한 건 아기에게 태어날 준비를 시켜주고 태어나는 순간을 최대한 편안하게 해주는 것입니다. 햇살 엄마는 햇살이를 낳기 전부터 배를 쓰다듬으며

햇살이에게 언제 태어나는지를 말해 주었습니다. 그리고 아빠에게도 햇살이에게 할 첫인사를 준비하도록 했습니다. 첫인사는 부모와 아이의 관계의 초석으로 정말로 중요하니까요. 하지만 햇살 아빠는 햇살이 탄생에 너무나 감격스러운 눈물을 흘리느라 준비한 인사를 못 했다는, 나중에 신생아실에서 잠깐 햇살이를 안았을 때 했다는 이야기가 전해집니다.

이렇게 감동적인 아기 탄생의 순간도 있지만 그렇지 못한 경우도 많습니다. 상담실에서 만난 어떤 어머님께 아기를 낳았을 때의 첫인사에 대해 질문했는데 "아기 치워 주세요."라고 말했다는 답을 들은 적이 있습니다. 아이 문제로 너무 힘들어서 상담실에 온 어머님인데 임신 기간 동안 정신적으로나 경제적으로 힘들어서 태교를 잘 못했고 아기가 태어났을 때도 행복하기보다는 아기가 정말 싫었다고 합니다. 아기가 크면서 예쁜 짓도 하고 조금씩 좋아지긴 했지만 스스로가 너무 나쁜 엄마라는 죄스러운 마음 때문에 엄마로서의 역할을 잘 못하겠다며 어려움을 호소하였습니다. 태교는 부모가 되어 아기를 맞이하는 딱 열 달의 준비 기간이지만 그 기간의 안정성 결핍과 아기에 대한 부담감은 아이를 키우는 과정 중에 오랫동안 계속해서 마음의 짐으로 무겁게 자리 잡게 됩니다. 이렇게 아이를 키우는 것에 오랫동안 영향을 미치고 중요한 것이 태교와 아기와의 첫인사입니다. 때문에 태교와 아기와의 첫인사는 아무리 강조하여도 지나치지 않습니다.

태어나서 첫 호흡을 뱉으며 아기가 울음을 터뜨리게 되면 이 울음 소리에 엄마 아빠가 안도하고 행복해하기 시작합니다. 그리고 참 신기하게도 엄마 아빠의 목소리가 들리는 순간 아기가 울음을 그칩니다. 배 속에서 늘 듣던 익숙한 목소리에 편안함을 느끼기 때문이지요. 따라서 아기의 안정된 탄생을 맞이하기 위해서 엄마 아빠는 태담 많이 하기, 태어난다는 것을 아기에게 알리기, 아기와의 첫인사 준비를 꼭 해야 합니다. 그리고 이 성공담을 모두 모아 '태어난 날 이야기'로 아이에게 들려주세요. 튼튼한 자존감을 바탕으로 멋진 어른으로 자랄 수 있도록 말입니다.

띵동!

양육 꿀팁 도착~

1. 태어난 날 이야기

- 잠자기 전 소곤소곤 사랑을 담아 아이에게 들려주기
- 자존감 향상의 비법
- '못생겼어'와 같이 장난치는 말은 삼가기

2. 아기와의 첫 인사

- 출산 전에 미리 준비하기
- 첫 인사는 부모와 아이 관계의 초석
- 엄마 아빠의 목소리는 갓 태어난 아기에게 안정감을 줌.

세 번째 탄생신화

________의 태어난 날 이야기

“엄마, 아기는 어디로 태어나?”

햇살이는 정자, 난자부터 시작하여 이제 아기가 태어나는 과정에 대한 궁금증까지 생겼습니다. 햇살 엄마는

"엄마 다리 사이에 아기가 나오는
'질'이라는 길이 있다고 알려줬었지?
그 길을 통해 아기 머리부터 쑴~ 하고 미끄럼 타고 태어나지."

라고 '질'에 대해 알려주고 아기가 태어나는 모습을 미끄럼을 타는 것에 비유하여 이야기해 주었습니다. 그런데 사실 아기 태어나는 과정이 이렇게 간단하지는 않지요. 긴 시간의 진통과 여러 가지 의료적 처지 과정이 있지만 그렇게 자세한 설명을 아이가 원하는 것도 아니고 설명을 해 줘도 이해가 안 될 것이 뻔합니다. 그리고 진통에 대해 이야기 해 줬을 때 아이는 '내가 엄마를 아프게 했구나. 난 나쁜 아이야.'라고 생각할 수 있어 좋지 않습니다. 특히 딸의 경우에는 출산에 대한 막연한 불안감과 공포감을 가질 수 있어 더욱 좋지 않습니다. 질문에 대한 대답을 할 때는 아이의 눈높이에 맞추어 간단히 설명하는 것이 가장 좋습니다. 그런데 가끔 부모 중에는 진통과 출산의 힘듦에 대해 장황한 설명과 함께 "내가 이렇게 널 고생스럽게 낳았으니 잘해."라고 효도를 강요하는 경우가 종종 있습니다. 아이의 정신 건강을 위해서 절대로 해서는 안 된다는 걸 꼭 기억해 주면 좋겠습니다.

예전에 강의실에서 만난 어머님이 있습니다. 아이가 어머님께 자

기가 어디로 태어났는지에 대해 질문을 했는데 어머님이 미처 준비가 안 되어 당황하다가 묘안이 떠올랐다고 합니다. 어머님은 아이에게 "병원에서 의사 선생님이 수술로 너를 태어나게 해 주었단다."라고 이야기해 주었다고 합니다. 아이가 제왕절개로 태어났으니 맞는 말이긴 한데 뭔가 개운하지 않은 느낌이 남았다고 했습니다. 또 다른 어머님은 성과 관련된 질문에 대해서는 사실적으로 정확하게 알려주는 것이 좋다는 강의를 들은 적이 있어서 제왕절개 과정을 너무 사실적으로 표현하여 문제가 된 적도 있었습니다. 너무 사실적인 표현은 아이에게 트라우마로 남을 수 있으므로 피하는 것이 좋겠습니다. 제왕절개로 태어나는 아이도 많고 제왕절개도 분명 출산 방법 중 하나이지만 아이가 진짜로 궁금해하는 것은 출산의 가장 기본형입니다. 기본형인 자연분만을 먼저 알려주고 이와 더불어 제왕절개에 대해서도 알려주면 좋겠습니다.

이처럼 동생이 태어나는 모든 과정이 첫아이에게는 진정한 성교육의 장입니다. 따라서 설명하기 어렵다고 배꼽에서 태어났다고 하거나 다리 밑에서 주워왔다고 하는 건 바람직하지 않겠지요? 이제 햇살이는 요술이와 자신 그리고 이 땅의 모든 아기들이 어떻게 태어나는지 알게 되었고 별책부록으로 자신의 배꼽이 어떻게 만들어졌는지도 알게 되었습니다. 동생의 임신과 출산을 통해 햇살이는 또 하나의 성에 대한 궁금증을 해결하게 되었습니다. 이는 어쩌면 첫아이만 누릴 수 있는 특권, 동생이 첫아이에게 주는 선물일지도 모르겠습니다.

띵동!

양육 꿀팁 도착~

1. 아이가 출산에 대해 질문할 때

- 출산의 기본형인 자연분만을 먼저 설명하기
- 너무 사실적인 묘사로 출산에 대한 두려움 가지지 않도록 하기
- 심한 진통에 관한 이야기는 아이가 자신을 엄마를 아프게 한 나쁜 아이로 인지할 수 있으니 부모만의 추억으로 남기기
- 효도 강요 금지

“나도 엄마랑 병원에 있을래.”

나와 햇살이의 토론이 시작되었다.

햇살이가 병원에 함께 갈 수 없는 이유

1. 아기가 태어나려면 아주 많은 시간이 걸려서 기다리는건 너무 지루해.

2. 분만실에는 엄마와 아빠만 들어 갈 수 있어서 햇살이가 있을 곳이 없어.

3. 엄마가 온통 아기를 낳는 것에 집중해야해서 햇살이와 함께 있을 수 없어.

4. 내일은 학교에 가는 날이야.

집에있자

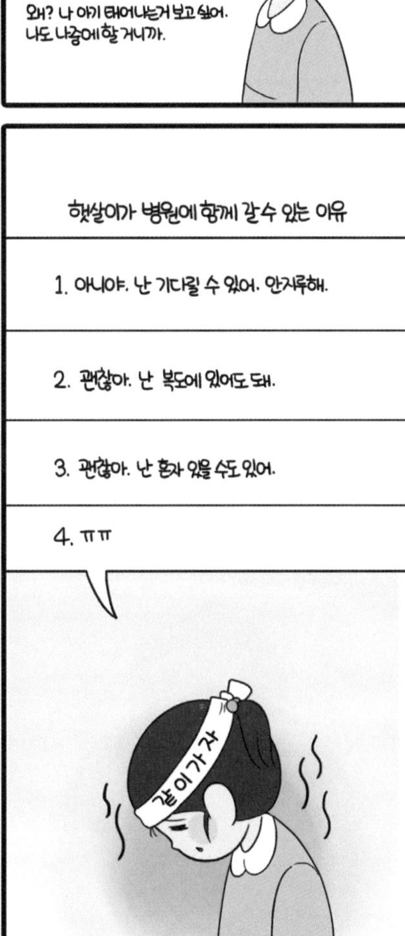

엄마는 햇살이가 학교 잘 다녀오고 할머니랑 집에 있으면 좋겠어.
요술이 태어나면 햇살이한테 제일 먼저 알려줄게.
약속했어. 꼭 나한테 먼저 말해줘야 해.
응, 알았어.

요술이 태어나면
바로 집으로 오는 거지?
아니. ㅠㅠ 일단 병원에서
두 밤 자면서 요술이랑 엄마가 건강한지 봐야해.

나도 엄마랑 병원에 있을래.
엄마도 그러고 싶은데
병원이 많이 더워서 걱정이야.

괜찮아. 괜찮아. 나 하나도 안 더워.

그래, 그러자. 그런데 더우면 집에서
할머니랑 있는거야.
열이 많아 땀을 한 바가지씩 흘리는 햇살이인데
그 더운 산부인과 입원실에 같이 있을 거라고 하니
괜히 내가 더 더워진다.

다녀올게. 꼭 전화해야 해.
알았어. 잘 다녀와.
햇살이가 등교하는 모습을 보고 병원으로 향했다.

요술이를 만나기 위한 설레고
긴장되는 하루가 지났다.
응애.

드디어 엄마 아빠한테 왔구나.
반가워. 우리 행복하자.
요술아. 엄마야.
태어나줘서 고마워. 사랑해.
햇살아. 요술이 태어났어. 얼른 병원으로 와.
응. 지금 갈게.
전화기 너머로 햇살이의 흥분된 목소리가 쩌렁쩌렁 울렸다.

첫아이는 엄마 배가 불러오고 같이 하던 걸 좀 못 하긴 해도 실제로 동생이 눈에 보이는 것이 아니니 실감을 못 하다가 출산과 동시에 달라지는 자신의 일상에 대해 스트레스를 받게 됩니다. 그중 가장 큰 스트레스는 '갑작스러운 엄마의 사라짐'입니다. 아기가 정확히 예고된 시간에 태어나는 것이 아니기 때문에 엄마 아빠가 병원을 가느라 우왕좌왕하는 사이 첫아이는 갑자기 엄마와 분리되는 상황을 맞이하게 되는 경우가 생깁니다. 유도분만을 할 경우에는 예측이 가능하지만 자연분만의 경우는 예기치 못한 상황들이 많이 발생하기 마련이지요. 때문에 동생이 태어날 시점이 되면 첫아이에게 동생의 출산에 대해 미리 이야기해 주고 마음의 준비를 할 수 있도록 돕는 것이 좋습니다.

"엄마는 햇살이가 학교 잘 다녀오고 할머니랑 집에 있으면 좋겠어.
요술이 태어나면 햇살이한테 제일 먼저 알려줄게."

햇살 엄마는 병원에 같이 가서 출산 과정을 지켜보겠다는 햇살이에게 같이 갈 수 없는 이유를 알려주고 집에서 기다리면 가장 먼저 요술이 출산 소식을 알려준다고 약속했습니다. 그리고 햇살 아빠가 그 약속을 충실히 지켰습니다.

엄마와의 갑작스러운 분리. 그리고 다시 만난 엄마가 동생을 안고 있는 모습은 첫아이에게 실로 큰 스트레스가 아닐 수 없습니다. 이로 인해 분리 불안이 생기거나 동생에 대한 질투가 갑자기 많아지면서 퇴행 행동이 심해지기도 합니다. 때문에 병원에 가기 전에 출산과 출산 후 엄마와 떨어져 있어야 하는 며칠에 관해 정확하게 이유를 설명해 주고 언제 다시 만날 수 있는지, 떨어져 있는 동안에는 누구랑 어디에서 무엇을 하는지에 대해 알려주어 불안감을 최소화하는 것이 필요합니다.

한 걸음 더 들어가 첫아이를 출산 과정 중 어디까지 참여를 시킬지 생각해 보아야 합니다. 다큐멘터리를 통해 가정 출산에 대해 본 적이 있습니다. 늘 생활하던 공간에서 편안한 마음으로 아기를 만난다는 것이 참 좋아 보였습니다. 그런데 그때 제 눈에 들어온 건 첫아이였습니다. 물론 첫아이는 출산 과정에 직접적으로 참여를 하는 것이 아니라 늘 하던 대로 이 방 저 방 다니며 놀았지만 동생의 출산 과정을 간접적으로 다 보게 되었습니다. 출산을 경험해 본 저의 입장에서는 '저 아이는 출산에 대해 어떻게 기억하게 될까? 긍정적인 면과 부정적인 면 중 어디가 더 클까?'라는 생각을 하게 되었습니다. 그리고 부모가 출산에 집중해야 하는 순간에 첫아이가 옆에 있다면 첫아이에게도 태어나려는 아기에게도 온전히 집중하기 어려울 것 같다는 생각도 들었습니다. 출산 과정에서 첫아이와 함께 새 가족을 맞이한다는 행복감과 충만감은 배가 되고, 출산으로 인한 긴장감은 온전히 부모의 몫이 될 수 있도록 첫아이를 출산 과정 중 어디까지 참여시킬 것인지는 한 번 생각해 보아야 할 것 같습니다.

띵동!

양육 꿀팁 도착~

1. 동생의 출산에 대해 예고하기

1) 엄마와 안전한 분리하기

- 갑작스런 출산으로 인해 엄마와 분리된 아이는 불안감이 상승함.
- 출산 예정일 며칠 전부터 아이에게 엄마와의 분리, 다시 만나기, 누가 아이 자신을 돌봐 주는지 등에 대해 이야기하기

2) 동생 출산 과정에 대해 설명하기

- 동생이 태어나는 것에 대해 이야기하기
- 아기가 태어나기 위해서는 오랜 시간이 걸리기 때문에 엄마와 같이 있을 수 없다는 것을 이야기하기

열 번째 이야기

햇살이! 요술이와 마주하다

"안녕! 요술아. 난 너의 누나야."

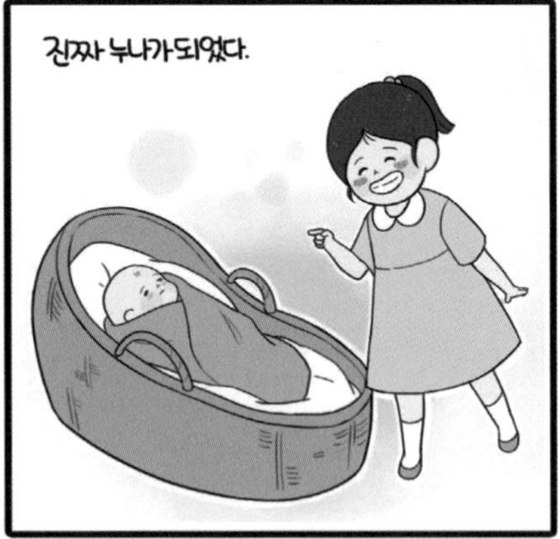

요술이 빨리 보고 싶은데, 언제 볼 수 있는거야.
기웃
기웃

드디어 신생아실 유리문의 커튼이 열린다.

저게 요술이야?
응. 요술이야. 신기하지.
너무 작아.
눈도 감고 있어.
아직 너무
아기라서 그래.

햇살이는 한참 동안 유리문을 사이에 두고 요술이를 바라본다.
나랑 닮았어?
그럼. 엄청 닮았지.
쌍둥이 같아.
뭐가 닮았어?
응. 얼굴이 발그스름한 것도 닮았고
하품하는 모습도 닮았고.

정말? 내가 저랬어?
그럼. 얼마나 귀여웠다고..
또 뭐가 닮았어?
태어나자마자 응애 하고 울었는데
엄마 목소리 듣고 뚝 그친 것도 닮았어.

나도 요술이한테 말 많이 했는데
내 목소리도 기억할까?

그럼, 당연히 누나 목소리 기억하지.

안녕! 요술아. 난 너의 누나야.
한방에 서열정리를 하는 햇살이. 앞으로 어떤 누나가 될지 궁금해진다.

드디어 햇살이와 요술이가 첫 대면을 하였습니다. 요술이는 기억하지 못하겠지만 햇살이에게는 강렬하게 남을 그 첫 대면. 이만하면 꽤 괜찮지 않나요? 첫아이와 동생이 어디서 어떻게 만나느냐 하는 것은 꼭 한 번 생각해 보고 결정해야 합니다. 우리가 중요한 일을 할 때 장소를 신중하게 생각하는 것은 환경이 영향을 미친다는 것을 알고 있기 때문입니다. 햇살 엄마는 햇살이와 요술이의 첫 대면 장소를 신생아실 유리문 앞으로 정하였습니다. 햇살이는 이제부터 자연스럽게 엄마를 동생에게 나눠 주어야 하는 상황에 놓이게 될 텐데 처음부터 엄마가 동생을 안고 있는 모습을 보여주지 않기 위해서였습니다. 그리고 첫아이와 엄마의 정서적인 분리를 시간을 두고 천천히 하여 엄마에 대한 서운함이나 동생에 대한 미움과 부러움 등을 최소화하기 위함입니다. 신생아실 유리문을 사이에 두고 엄마와 함께 동생을 바라보는 햇살이에게 아직은 자신의 곁에 엄마가 있다는 안정감을 주어 요술이를 더 쉽게 대할 수 있었을 것입니다. 간혹 병원에서 동생을 만나지 못하고 엄마가 퇴원하면서 동생을 안고 집으로 올 때 처음으로 동생을 마주하게 되는 첫아이도 있습니다. 첫아이가 싫은 내색을 하지 않더라도 약간의 서먹함과 서운함이 생기게 마련이고 이러한 마음은 동생에 대한 질투로 나타나기 때문에 주의가 필요합니다.

햇살이는 유리문을 통해 요술이를 가만히 지켜보더니 자신도 요술이와 같았는지에 대해 질문을 했습니다. 자신의 태어난 직후 모습을 사진으로 보긴 했지만 또 궁금해지나 봅니다. 이 순간을 부모는 놓치지 않고 첫아이와 동생이 동맹을 맺을 수 있도록 도와주어야 합니다. 서로 경쟁하고 질투하는 사이가 아니라 함께해서 좋은 관계가 되도록 말이지요. 동맹 맺기의 가장 좋은 방법은 둘의 공통점을 찾는 것입니다. 외모가 닮았다거나 행동이 닮았다거나 울음소리가 닮았다거나 하는 것과 같은 동질감을 통해 서로가 더욱 친밀해지기 때문입니다. 햇살 엄마는 햇살이에게

"얼굴이 발그스름한 것도 닮았고 하품하는 모습도 닮았고.
태어나자마자 응애하고 울었는데
엄마 목소리 듣고 뚝 그친 것도 닮았어."

라고 공통점을 말해 주었습니다.

이 순간 흔한 부모의 실수는 "동생이 더 예쁘네."라고 동생을 더 좋아하는 듯한 말을 하거나 "너는 눈도 잘 떴는데 동생은 뜨지도 못하네." 와 같이 첫아이와 동생을 비교하며 첫아이를 칭찬하는 듯하지만 묘한 불편함을 가지게 하는 서로에 대한 비교와 차이에 대한 평가의 말을 하는 것입니다. 이는 첫아이와 동생의 첫 대면부터 부모가 경쟁 구도를 만들어 주는 것이 되므로 절대 금지입니다. 첫아이와 동생의 첫 대면 장소를 신중히 선택하고, 서로 인사를 하게 하고, 공통점을 찾아주는 부모의 작은 배려가 분명 가정의 평화와 두 아이의 행복을 지켜줄 것입니다.

요술이와 자신의 공통점을 듣고 있던 햇살이는 문득 요술이가 햇살이 자신의 목소리를 기억하는지에 대한 의문이 생겼습니다. 그리고 기억한다는 엄마의 말에 신이 나서 요술이에게 직접 인사를 했습니다.

"안녕! 요술아. 난 너의 누나야."

햇살이는 첫인사와 함께 단번에 서열 정리까지 깔끔히 마무리하였습니다. 앞으로 두 아이가 지금처럼 서로의 공통점을 찾으며 동맹관계를 잘 맺고 유지하길 바라봅니다.

띵동!

양육 꿀팁 도착~

1. 첫아이와 동생의 첫 만남

1) 만남의 장소 정하기

- 첫아이의 심리적인 안정을 위해 부모와 함께 신생아실 유리문을 사이에 두고 동생 만나기

2) 동맹 맺기

- 첫아이와 동생의 공통점을 찾아 친밀감을 갖도록 돕기
- 첫아이와 동생을 비교하며 경쟁구도 만들기 절대 금지

"요술아, 우리집에 잘 왔어."

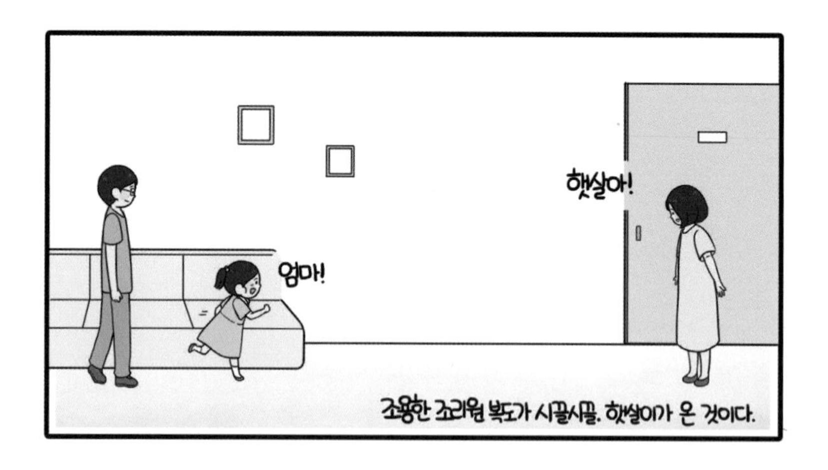
핫살아!
엄마!
조용한 조리원 복도가 시끌시끌. 햇살이가 온 것이다.

햇살이 왔구나. 오늘 학교 잘 다녀왔어? 보고 싶었어.
나 하루 종일 조리원에
올 생각만 했어.
그랬구나.

응, 조금만 있으면 볼 수 있지.
요술이 볼 수 있어?

요술아, 누나 왔지~~
까꿍

요술아, 까꿍
옹알옹알~~
근데, 오늘 학교에서.....ㅋㅋㅋ
아~ 그런 일이 있었구나....ㅎㅎㅎ
햇살이는 오자마자 요술이를 찾더니 나랑만 이야기 한다.

하 하
하
하
하
까르르
하
하
하

요술아. 이제 집에 가자.
띵
동♪
어,
엄마다!
햇살아. 엄마 왔어.
아~엄마.

요술이도 왔지요~

요술아. 우리 집에 잘 왔어.
햇살이와 요술이의 동행이 시작되었다.

드디어 요술이가 진짜로 집에 왔습니다.

"요술아. 우리 집에 잘 왔어."

햇살이는 요술이에게 다정하게 우리 집에 잘 왔다고 말해 주었습니다. 햇살이가 요술이에게 건네는 말에서 뜨거운 감동과 감사가 느껴집니다. 앞으로 햇살이와 요술이의 험난한 일상이 엄마 아빠를 기다리고 있겠지만 일단 시작은 좋습니다.

조리원에 있을 때 햇살이는 요술이를 단순히 궁금해하는 정도에서 찾았을 뿐 관심은 온통 엄마에게만 쏠려 있었습니다. 당연한 일이지요. 햇살이도 아직 어린아이이니까요. 그래서 햇살 엄마는 햇살이의 일상에 대해 이야기를 나누고 시간을 보내었습니다. 이런 상황에서 흔한 부모의 실수는 첫아이와 동생을 친해지게 하기 위해 첫아이는 관심도 없는 동생에 대해 이야기를 해 주거나 동생의 귀여운 모습을 보게 하는 것입니다. 또 다른 실수는 동생이 궁금해서 가까이 다가가려는 첫아이에게 동생 다친다며 밀어내는 행동을 하는 것입니다. 이 순간 첫아이는 짜증과 서운함을 느끼게 됩니다. 억지로 하다 보면, 너무 잘하려고 하다 보면 오히려 결과를 망치게 될 때가 있습니다. 첫아이가 자연스럽게 동생과 친해질 수 있도록 시간이 주는 힘을 믿고 기다려 보는 것이 좋겠습니다.

햇살 엄마는 요술이와 무사히 조리원 생활을 마치고 집으로 돌아왔습니다. 드디어 진정한 출산의 끝맺음을 하게 되었습니다. 엄마와 새로 태어난 동생이 집으로 올 때 동생을 누가 안고 오는지는 정말 중요한 문제입니다. 만약 엄마가 동생을 안고 온다면 첫아이가 더욱 서운해할지도 모르기 때문입니다.

"햇살아, 엄마 왔어."

햇살 엄마는 현관문을 열고 햇살이와 먼저 인사를 했습니다. 그 뒤에 아빠가 요술이를 안고 들어왔습니다. 항상 첫아이가 먼저라는 것. 잊지 마세요. 간혹 너무 첫아이만 먼저 챙겨주면 첫아이가 이기적으로 성장할까 봐 걱정하는 부모도 있으나 절대 그렇지 않습니다. 존중받고 배려받으며 사랑 가득하게 자란 첫아이는 반드시 동생에게도 받은 만큼의 사랑을 나누어 주게 되어 있답니다.

띵동!

양육 꿀팁 도착~

1. 동생이 집에 오는 날

- 엄마는 집에 오자마자 첫아이를 먼저 안아주고 인사하기
- 아빠가 동생을 안고 엄마 뒤에 들어오기
- 첫아이와 동생이 인사하는 시간 마련해 주기

요술이, 드디어 엄마 아빠에게 안기다

요술이를 만나기 위한 기다림의 시간이 시작되었다. 진통이 강해지면 강해질수록 요술이를 만날 수 있는 시간이 가까워지고 있다는 생각으로 버텼다.

·
·
·

요술아, 요술이도 힘들겠구나. 엄마가 조금 더 힘을 내 볼게.

·
·
·

드디어 요술이의 울음 소리가 들린다. 아빠의 반가운 목소리도 들린다.

열 달 동안의 기다림 끝에 드디어 엄마 아빠가 요술이를 안아볼 수 있는 날이 되었습니다. 엄마 아빠도 분주하고 긴장되고 설레지만 오늘의 주인공인 요술이가 가장 힘든 하루를 보내게 될 것 입니다. 좁은 산도를 빠져나오는 것부터 처음 공기를 느끼고 호흡하기까지 참으로 쉽지 않은 과정이 작고 여린 아기 앞에 기다리고 있기 때문입니다. 그래서 부모가 있나 봅니다. 이 작고 여린 생명이 온전히 의지하고 믿을 수 있는 존재 말입니다.

출산 과정이 힘든 건 누구나 알고 있지요. 그래서 주인공인 아기를 잊는 경우가 종종 있습니다. 태담을 할 때 아기가 접하게 되는 일상에 대해 이야기해 주라고 했던 거 기억할 것입니다. 아기가 태어나는 날은 아기의 열 달 인생 중 가장 중요한 날이니만큼 아기에게 설명을 잘해 주어야 합니다. 설명해 줄 때는 '오늘 태어나는 것, 오랜 시간이 걸리는 것, 진통할 때 힘든 것, 산도를 빠져 나올 때 힘든 것, 엄마 아빠가 함께한다는 것 그리고 엄마 아빠의 행복한 기다림' 등에 대해 다정한 목소리로 이야기해 주면 됩니다. 햇살 엄마 아빠는 요술이에게 병원으로 출발하기 전에

"요술아, 오늘은 드디어 엄마 아빠가
요술이를 안아볼 수 있는 날이란다."
"엄마는 벌써부터 너무 설레."
"우리 오늘 잘해 보자."

"아빠도 같이 있을 거야."

라고 말하며 이 순간의 긴장감을 조금씩 풀어내며 만남에 대한 설렘을 전했습니다.

병원에 도착해서 아기를 낳을 때까지 엄마와 아빠, 아기는 정말 좋은 한 팀으로 힘을 합쳐야 합니다. 그 과정 속에서 무엇인지도 모르지만 힘을 내고 있을 아기에 대한 배려와 응원은 당연하겠지요. 간혹 출산 과정이 너무 힘들어서 거친 말을 쏟아낸다거나 아기에 대한 싫은 느낌을 가지는 부모도 있는데 조금만 더 힘을 내어서 가장 평화롭게 새 가족을 만나길 바라봅니다.

"요술아, 엄마야. 태어나 줘서 고마워. 사랑해."
"드디어 엄마 아빠한테 왔구나. 반가워. 우리 행복하자."

힘든 출산 과정을 마치고 완전히 새로운 환경에 놓인 요술이에게 엄마 아빠가 첫인사를 건넸습니다. 신기하게도 요술이는 울음을 뚝 그쳤습니다. 태담을 많이 해준 아기는 배 속에서부터 엄마 아빠의 목소리를 기억하고 있어 출산 후 엄마 아빠의 목소리가 들리는 순간 울음을 그치는 행동을 보이는데 이때의 신기하고 행복한 기분은 경험해 본 부모만이 알 수 있습니다. 갓 태어난 아기를 안정시키는 엄마 아빠의 목소리는 분명 아기에게 주는 세상에서 가장 귀한 엄마 아빠의 '첫

선물'일 것입니다. 열 달의 임신 기간 동안 태담을 잘하고 태어나는 날 아기와 좋은 한 팀이 되어 아기가 태어나는 순간에 행복이 가득하길 기대합니다.

띵동!

마지막 양육 꿀팁 도착~

1. 아기가 태어나는 날

- 병원으로 출발하기 전 아기에게 태어남에 대해 이야기해 주기
- 아기에게 부모의 설렘과 행복감 전달하기
- 진통 중에 부모보다 더 힘을 내고 있을 아기를 응원하고 함께 힘내기
- 진통이 강할수록 아기를 만날 시간이 점점 다가오고 있음을 상기하며 힘내기
- 태어난 아기를 안고 다정하게 첫인사하기
- 세상 최고의 행복과 기쁨 누리기. 많이 많이!!

첫아이와 함께하는 동생맞이

저 자 양경아
삽 화 박희원

1판 1쇄 발행 2020년 11월 20일

저작권자 양경아

발 행 처 하움출판사
발 행 인 문현광
편 집 홍새솔
주 소 전라북도 군산시 축동안3길 20, 2층 하움출판사
I S B N 979-11-6440-712-5 (13590)

홈페이지 http://haum.kr/
이 메 일 haum1000@naver.com

좋은 책을 만들겠습니다.
하움출판사는 독자 여러분의 의견에 항상 귀 기울이고 있습니다.

이 도서의 국립중앙도서관 출판예정도서목록(CIP)은 서지정보유통지원시스템 홈페이지(http://seoji.nl.go.kr)와
국가자료종합목록 구축시스템(http://kolis-net.nl.go.kr)에서 이용하실 수 있습니다. (CIP제어번호 : CIP2020046573)

· 값은 표지에 있습니다.
· 파본은 구입처에서 교환해 드립니다.